Axel Kahn

Société et révolution biologique

Pour une éthique de la responsabilité

Postface de Guy Paillotin

Une conférence-débat organisée
par le groupe *Sciences en questions*
Paris, INRA, 24 octobre 1995

Institut National de la Recherche Agronomique
147 rue de l'Université, 75338 Paris cedex 07

La collection *Sciences en questions* accueille des textes traitant de questions d'ordre philosophique, épistémologique, anthropologique, sociologique ou éthique relatives aux sciences et à l'activité scientifique.
Elle est ouverte aux chercheurs de l'INRA mais aussi à des auteurs extérieurs.

Directeurs de collection
Etienne Landais, Raphaël Larrère

Le groupe de travail Sciences en questions *souhaite favoriser la réflexion critique des acteurs de la recherche sur l'activité scientifique et ses implications. Son ambition première est d'enrichir la réflexion interne à l'*INRA *en l'alimentant de contributions propres à éclairer, sous une forme accessible et attrayante, les débats contemporains sur la science et la recherche.*

Texte mis en forme par Etienne Landais avec la collaboration d'Isabelle Savini, à partir de l'enregistrement de la conférence.

 ISSN : 1269-8490 ISBN : 2-7380-0690-6

Préface

J'ai personnellement eu la chance d'avoir Boris Ephrussi pour professeur de génétique. En compagnie de Beadle, il avait fondé dès 1930 la génétique physiologique, en démontrant que les gènes qui contrôlent la synthèse des pigments de l'oeil de la Drosophile étaient en fait responsables de l'accomplissement des différentes étapes de la synthèse de ces pigments. Mais il s'agit d'une biochimie très compliquée et il ne lui a malheureusement pas été possible à cette époque d'établir complètement le mécanisme de la relation entre gènes, étapes de synthèse et processus biochimiques.

Dix ans plus tard, Beadle et Tatum reprennent le problème à l'envers : plutôt que de tenter d'élucider directement la chimie des différences génétiques connues, ils cherchent à sélectionner des mutants chez lesquels ces réactions chimiques seraient bloquées. Cette intuition géniale ouvre une voie d'approche nouvelle - l'étude du contrôle génétique de réactions biochimiques connues - qui a permis une percée décisive dans l'élucidation du rôle des gènes et du contrôle de leur expression. Elle a abouti en particulier au concept aujourd'hui bien connu "un gène, une enzyme", qui a joué un rôle extrêmement important.

Tous ces faits appartiennent à l'histoire que retrace en détail Benjamin Lewin dans son livre *Genes,* dont Axel Kahn a supervisé la traduction française[1] et rédigé la préface.

Né en 1944, année de la publication des résultats d'Avery montrant que l'ADN est le support des propriétés héréditaires, Axel Kahn est en effet l'un des héritiers et des continuateurs de cette grande aventure de la génétique physiologique.

Sa carrière scientifique s'inscrit au croisement des trois pistes de recherche que je viens d'évoquer : comprendre la nature biochimique des mutations et donc relier un phénotype à une

1 . Paris, Flammarion / Médecine-Sciences, 1992.

altération biochimique ; élucider le mode de contrôle génétique des réactions biochimiques et en particulier la régulation de l'expression des gènes impliqués ; enfin remonter au support moléculaire de l'information génétique. Cette génétique physiologique et moléculaire, qui avait démarré sur des objets biologiques simples du point de vue génétique, tels la Drosophile, le champignon *Neurospora crassa* ou le pneumocoque, il entreprend de l'étudier chez l'homme, en conjuguant médecine et recherche génétique. Reçu premier au concours de l'Internat, il devient docteur en médecine et entre à l'INSERM en 1974. Deux ans plus tard, il soutient sa thèse de doctorat ès sciences.

La carrière d'Axel Kahn confirme cette première orientation. Récemment encore, à la tête du Laboratoire de recherche en Génétique et Pathologie moléculaire (Unité INSERM 129) qu'il dirige depuis 1984, il développe une ligne de recherche qui se rattache au champ de la génétique physiologique : elle concerne le rôle de l'alimentation dans le contrôle de l'expression des gènes, particulièrement chez l'homme.

Mais sa carrière illustre aussi l'irruption du génie génétique, sa puissance en tant qu'outil d'analyse du génome, mais aussi son intérêt potentiel pour remédier à des déficiences génétiques. Ainsi co-signe-t-il en 1993 un article remarqué sur l'utilisation de l'adénovirus comme vecteur de gènes[2]. La même année, il coordonne un livre de synthèse au titre évocateur : *Thérapie génique, l'ADN médicament*[3].

En 1988, ses préoccupations médicales et l'expérience qu'il a acquise en génétique moléculaire conduisent Axel Kahn à la présidence de la Commission du génie biomoléculaire qui est instituée auprès du Ministre de l'Agriculture. Cette commission est bien connue d'un certain nombre de collègues de l'INRA, puisqu'elle est obligatoirement consultée pour toute demande d'expérimentation hors du laboratoire, concernant

2. *Nature*, 1993, **361** : 647-650 ; voir aussi : *Nature Genet.*, 1993, **3** : 224-228

3. Kahn A. (coord.), 1993. Thérapie génique. L'ADN médicament. Paris, *Médecine Sciences / Clé pour* / John Libbey Eurotext, 172 p.

des Organismes Génétiquement Modifiés. Toutes ces activités ne l'empêchent pas de conserver jusqu'en 1992 un contact direct avec les malades, à travers la consultation qu'il assure à l'hôpital Cochin.

Axel Kahn est aussi, depuis 1992, membre du Comité Consultatif National d'Ethique, et c'est plus spécialement à ce titre que le groupe "Sciences en questions" l'a sollicité pour cette conférence, pensant qu'il serait éclairant pour les chercheurs de l'INRA de l'entendre lui, acteur et spectateur privilégié de cette prodigieuse révolution, dire comment l'humaniste qu'il est tente de répondre aux multiples interrogations d'ordre social, économique et éthique que suscitent les applications scientifique de la génétique moléculaire, y compris dans le champ de nos propres travaux.

Il nous apporte tout à la fois un regard extérieur, l'avis d'un expert très averti de nos recherches et l'expérience rare d'un biologiste moléculaire qui se double d'un praticien de la médecine, science du complexe s'il en est. Or la recherche agronomique nous montre la complémentarité nécessaire entre la dissection de la réalité, qui aboutit à sa dissolution en tant qu'objet, et une approche systémique qui respecte la complexité, au risque de ne pas voir l'intérieur des choses. Mais la meilleure démonstration de l'intérêt de cette complémentarité entre l'approche globale des systèmes complexes et l'analyse réductionniste, c'est sans doute la Revue *Médecine Sciences* qui l'administre au fil de ses numéros successifs. Est-il besoin de rappeler qu'Axel Kahn est membre fondateur et depuis 1986 rédacteur en chef de cette revue, devenue en quelques années l'un des plus grands succès de l'édition scientifique française ?

Il me reste à remercier très chaleureusement Axel Kahn, au nom de l'INRA, d'avoir accepté immédiatement notre invitation, avec une grande simplicité, en dépit de ses multiples occupations.

Pierre Boistard,
directeur de recherche INRA

Société et révolution biologique

Pour une éthique de la responsabilité

Introduction

Lorsque Pierre Boistard m'a demandé de venir parler devant cette assistance, j'ai en effet accepté sans hésiter. Non que mon emploi du temps me laisse tellement de temps libre, mais parce que les problèmes que traite l'INRA représentent, en dehors de ceux qui relèvent du champ de recherche de ma propre profession, le champ du savoir et le champ de l'action qui me tiennent le plus à coeur, et je ne tiens pas là un discours de circonstance.

Je trouve en effet que l'INRA produit, à travers une recherche extrêmement plurielle, en prise directe avec des réalités technologiques, écologiques, sociales et économiques, une très belle science, que ce soit en génétique ou dans d'autres domaines. Pour ce que j'ai eu à en connaître, en tant que membre de la Commission du génie biomoléculaire depuis sa fondation en 1986, puis en qualité de président de cette Commission, j'ai découvert là un champ scientifique qui m'a véritablement passionné. C'est pourquoi il est pour moi particulièrement intéressant de venir débattre avec des chercheurs de l'INRA de ma propre vision de l'irruption du génie génétique et de ses conséquences dans différents champs du savoir et du pouvoir, des possibilités qu'il ouvre et des problèmes qu'il soulève.

Première partie

De la préhistoire au génie génétique

La génétique est, comme chacun sait, une science jeune. Mais en réalité, l'utilisation empirique de la génétique pour améliorer les espèces est une pratique très ancienne, même si elle n'avait pas de base scientifique. Les préhistoriens considèrent que les agriculteurs et les éleveurs ont entrepris depuis 10 à 15 000 ans d'améliorer les espèces domestiques par la sélection et le croisement. Sans le savoir, ils faisaient déjà de la génétique, en s'appuyant sur la reconnaissance empirique d'une règle fondamentale : la transmission des caractères héréditaires. Les anciens dictons témoignent de cette connaissance ancestrale. L'on disait: "Bon sang ne saurait mentir", "Un chien ne fait pas des chats", etc. Ces pratiques, ces dictons montrent que l'on savait bien que les individus transmettent à leurs descendants certaines de ce que l'on appellerait aujourd'hui leurs caractéristiques phénotypiques et que cette faculté pouvait être mise à profit pour améliorer les espèces végétales ou animales.

Pourtant, il n'y a guère plus d'un siècle que les règles qui président à la transmission des caractères héréditaires ont commencé à être scientifiquement établies : la naissance de la science génétique est à bon droit située en 1865, date des publications princeps de Gregor Mendel. Encore faut-il dire que la portée des observations de Mendel échappa totalement à ses contemporains et que ses publications tombèrent dans un oubli complet, pour être simultanément redécouvertes, en 1900, par trois botanistes : Hugo de Vries, Carl Erich Correns et Erich Tschermak von Seysenegg. A partir de là, les travaux de Mendel inspirèrent un nombre croissant de chercheurs, au premier rang desquels le biologiste Thomas H. Morgan, auquel ses célèbres travaux sur la génétique de la drosophile allaient valoir le prix Nobel de médecine en 1933.

La connaissance par la communauté scientifique, puis la vulgarisation des règles génétiques de la transmission des caractères héréditaires remonte donc à moins de cent ans. Mais en dépit de son très jeune âge, la génétique a connu une histoire extraordinairement tumultueuse et il ne faut pas s'en étonner. Appliquées à la transmission des caractères héréditaires humains, certaines des questions que pose la génétique deviennent en effet des questions tout à fait fondamentales. Des questions que chacun d'entre nous se pose, que chaque homme probablement se pose, depuis que l'humanité existe :

Qui suis-je, d'où viens-je ?
Qui suis-je par rapport à l'autre ?
En quoi cet autre, qui m'est si semblable, est-il si différent de moi ?
Que m'ont transmis mes parents ?
Que transmettrai-je à mes enfants ?
Quel sera mon lignage ?

Ces questions existentielles sont au centre de la génétique humaine, ce qui explique sans doute que la génétique ait eu plus de répercussions sociales et individuelles qu'aucune autre science en si peu de temps.

Ces répercussions du développement de la génétique sont cependant inséparables de celles qui suivirent une autre révolution conceptuelle, qui précéda de six ans les découvertes de Mendel. C'est en effet en 1859 que Darwin publia son célèbre ouvrage sur l'origine des espèces et la sélection naturelle. Moment essentiel, assurément : si l'on devait désigner une dizaine de travaux scientifiques qui ont changé la perception que l'homme a de lui-même, il faudrait citer Charles R. Darwin.

La collusion initiale avec l'eugénisme, péché originel de la génétique humaine

Charles Darwin avait un cousin du nom de Francis Galton. En 1883, alors qu'il ignorait complètement les bases de la transmission des caractères héréditaires, puisque les travaux de Mendel n'avaient pas été popularisés, Galton écrivit un ouvrage qui, pour la première fois, utilisait le terme "the eugenics", l'eugénique. L'eugénique - nous parlons plus volontiers d'eugénisme à l'heure actuelle - peut être définie comme l'ensemble des disciplines, des actions, des études, dont le but est d'améliorer les races humaines. Lorsque Galton parlait d'eugénique, ignorant les lois de la génétique[4] il commettait ce qui nous apparaît aujourd'hui comme une profonde confusion entre, d'une part l'amélioration génétique des races humaines par sélection des caractères héréditaires jugés souhaitables et/ou élimination des caractères jugés indésirables, et d'autre part l'amélioration des individus par des interventions portant sur leurs conditions de vie, c'est-à-dire sur leur environnement économique, social et culturel.

Cette confusion ne se dissipa que très lentement. Bien des années après, mais de manière très fidèle à la pensée de Galton, qui s'était exprimé en des termes comparables, J.Huxley disait en 1936 que l'eugénique était constituée de l'ensemble de ces méthodes, et que son objectif était de compenser la tendance des systèmes sociaux et politiques des pays développés : la promotion sociale de l'infécondité et à l'inverse la fécondité excessive de ceux qui ont socialement échoué. Cette définition est donc beaucoup plus sociale que génétique.

En réalité, derrière l'idée de l'eugénique défendue par Galton, se trouvent directement l'enseignement et les travaux de Darwin, qui fut lui-même, il convient de le rappeler, très influencé par la théorie de Malthus. Les mécanismes de la sélection naturelle, tels qu'ils existent dans le monde vivant, sont contrecarrés par la civilisation humaine, puisque le but de la civilisation est, d'une certaine manière, de porter remède aux maux dont souffrent les hommes et de venir en aide aux défavorisés. Donc d'éviter que les plus faibles, les moins adaptés, ne soient éliminés par la sélection naturelle. Selon l'analyse des tenants de l'eugénisme, cette perte d'efficacité des

4 . Le terme de génétique n'apparaît qu'une vingtaine d'années plus tard.

processus naturels de la sélection risquerait, si l'on n'y prenait garde, de s'accompagner d'une augmentation progressive des individus porteurs de gènes qui auraient normalement dû être éliminés, disons d'individus "de moins bonne qualité", avec tous les guillemets nécessaires (qu'on ne me prête, bien entendu, ni cette analyse ni ces termes !). Pour éviter ces risques, il serait donc nécessaire de promouvoir des politiques volontaristes destinées à contrebalancer les effets pervers de la perte des mécanismes de sélection naturelle au sein de nos sociétés humaines civilisées.

A partir de cette conception de base, l'eugénique devait inspirer des philosophies, des conceptions et des comportements pratiques très différents les uns des autres. Et aujourd'hui encore, le terme d'eugénisme recouvre des pratiques sociales et des théories scientifiques ou pseudo-scientifiques très diverses.

La lecture darwinienne, dans des pays comme la France et l'Union Soviétique, devait ainsi être influencée par différentes théories ou idéologies. Notre pays a été pendant très longtemps extrêmement réticent à la diffusion des idées darwiniennes, marqué qu'il était par le lamarckisme (ceci sans parler de l'irréductible opposition de l'Eglise).

Schématiquement, la principale différence entre l'enseignement de Lamarck et celui de Darwin, que Lamarck avait d'ailleurs largement influencé, porte sur le moteur de l'évolution : sélection naturelle éliminant les individus les moins adaptés selon Darwin, pression de l'environnement conduisant à l'adaptation des espèces pour Lamarck. Suivant la tradition larmarckienne, la volonté d'améliorer les races humaines passe par conséquent par l'amélioration des conditions de vie, de telle façon que la modification de son environnement améliore à terme la qualité de l'homme à venir. Cet eugénisme-là ne résume certes pas tout l'eugénisme à la française, qui fut parfois parfaitement raciste, mais cette lecture a cependant été dominante dans notre pays.

Cette forme d'eugénisme qu'on pourrait dire relativement bénigne a eu des effets favorables, que l'on retrouve encore.

Tous nos systèmes de Protection Maternelle et Infantile dérivent ainsi très directement du courant eugéniste français, héritier de la tradition lamarckienne. L'objectif du suivi des femmes enceintes puis des nouveaux-nés est d'assurer aux enfants, aussi bien *in utero* qu'après la naissance, des conditions de croissance qui améliorent leurs possibilités d'épanouissement.

En Union Soviétique, la lecture de l'eugénisme fut un peu semblable et eut des conséquences comparables, quoiqu'elle fût très marquée à partir des années trente par le stalinisme et par son avatar en matière de génétique végétale, représenté par les théories de Mitchourine et de Lissenko. A partir du moment où la doctrine soviétique établit que la modification des rapports économiques entre les individus doit engendrer l'homme nouveau, l'homme communiste, il n'est pas possible que des gènes soient transmis, qui assurent la pérennité des caractères héréditaires, sans que l'environnement n'agisse sur eux. Cette conception, jugée idéologiquement irrecevable, est rejetée comme bourgeoise et réactionnaire. L'environnement social et économique, pour ce qui concerne l'homme, l'environnement physique, pour ce qui concerne les végétaux, doit nécessairement modifier les caractères, y compris dans leur aspect de caractère transmissible : l'hérédité des caractères acquis est idéologiquement nécessaire.

Dans les pays anglo-saxons, germaniques et nordiques, la rencontre directe du darwinisme, de l'eugénisme et de la génétique donne naissance au courant dominant de l'eugénisme génétique. Sa définition recouvre l'ensemble des actions dont le but est d'éviter que ne s'accumulent dans les races humaines les "mauvais" gènes, et parallèlement de faire en sorte que l'on puisse assurer la sélection et la promotion des "bons" gènes.

Il faut donc dire que la génétique humaine, avant la seconde guerre mondiale, reste dans presque tous les pays du monde synonyme d'eugénisme. Ainsi la France n'a pas de société de génétique, mais une société d'eugénique. Au nom de cette doctrine, de cet eugénisme génétique, on stérilise des dizaines de milliers de malades mentaux en Suède, en Norvège, aux Etats-Unis, en Allemagne, beaucoup moins en Angleterre et pas du tout en France, pour une raison sur laquelle je reviendrai.

Puis apparaît une nouvelle idéologie, le racisme, selon lequel les races sont en moyenne inégales quant à leurs capacités, parce que certaines possèdent un ensemble de "bons" gènes plus important que les autres. Et puisque l'eugénisme établit la nécessité de sélectionner les bons gènes et d'éliminer les mauvais, la rencontre effroyable de l'eugénisme, de la génétique et du racisme aboutit à l'élimination des races porteuses des "mauvais" gènes qu'il faut éliminer.

La répartition, entre les différentes régions du monde, des lectures de l'eugénisme qui dominent avant-guerre est encore modulée par un autre facteur : la religion. Là se marque la césure entre les pays d'influence catholique et les pays d'influence protestante. L'explication a trait à la notion de prédestination, qui est bien ancrée parmi les différents courants du protestantisme, mais qui est l'objet d'une querelle théologique ancienne entre protestants et catholiques. L'eugénisme et la prédestination ne s'opposent pas franchement et, d'une certaine manière, cette prédestination voulue par le Créateur peut trouver une traduction dans la volonté eugéniste de sélectionner ceux qui justement sont prédestinés à être meilleurs.

Pour l'église catholique, ce raisonnement est inacceptable, puisque chaque homme doit faire son salut. Les hommes ne sont pas prédestinés, ils seront jugés d'après leurs actes et sont tous des créatures de Dieu, créées à son image. Par conséquent, l'idée que certains des hommes sont, quoiqu'ils fassent, a priori inférieurs à d'autres en raison des gènes dont ils sont porteurs, n'est pas recevable. Et de fait, il n'y a quasiment pas eu de pratiques eugénistes dans les pays catholiques européens, fussent-ils fascistes. Cela marque une considérable différence entre, d'une part, les pratiques de l'Italie de Mussolini ou de l'Espagne de Franco et, d'autre part, celles de l'Allemagne hitlérienne ou du Japon impérial.

L'avènement du génie génétique

Vient la guerre, puis la défaite des dictatures fascistes, qui inaugure une période durant laquelle la génétique, enfin libérée de son fardeau eugéniste et de tout ce à quoi elle a servi d'alibi scientifique, va connaître en quelques années un développement foudroyant. La guerre n'est pas encore finie qu'Oswald Avery met en évidence le fait que certains caractères phénotypiques du pneumocoque peuvent être transmis par son ADN, découverte essentielle qui démontre que l'ADN est effectivement le support moléculaire de la transmission de l'hérédité. Les autres dates appartiennent à l'histoire générale et pas simplement à l'histoire des sciences. 1953 : Watson et Crick découvrent la structure en double hélice de l'ADN. 1961 : la même année, Nirenberg et Mattaei découvrent le code génétique universel, tandis que Jacob, Monod et Lwof élucident le rôle des ARN messagers et le mécanisme de la régulation de l'opéron lactose. Et puis, sans que l'on puisse la marquer très précisément ni d'un nom ni d'une date, c'est l'apparition du génie génétique, vers 1972-1974, construction collective résultant de multiples avancées, telle la découverte des enzymes de restriction, etc.

Qu'est-ce que le génie génétique ? Le terme de "génie" prend dans cette expression le même sens que dans celle de génie civil ou militaire : il désigne un ensemble de pratiques, de procédés permettant de réaliser quelque chose. En l'occurrence, il s'agit de toutes les techniques permettant de faire réaliser par un être vivant tout ou partie du programme génétique d'un autre être vivant.

L'avènement du génie génétique marque-t-il simplement une étape supplémentaire dans ce parcours glorieux de la génétique libérée de son fardeau eugéniste ? Ou bien correspond-il à un saut qualitatif, à une rupture ? Quoi que l'on dise parfois pour les besoins de la cause, il me semble très clair que le génie génétique introduit une rupture.

Pour le sélectionneur, le saut qualitatif est absolument extraordinaire, ce n'est pas aux chercheurs de l'INRA qu'il est besoin de l'expliquer : pour la première fois, il dispose en théorie, pour améliorer une race ou une variété, non plus simplement de l'ensemble des gènes de l'espèce, qu'il va sélectionner par des croisements judicieux, mais de l'ensemble des gènes de l'ensemble des êtres vivants de la planète !

Pour le biologiste, le saut qualitatif n'est pas moindre. Le génie génétique constitue une source sans pareille d'outils pour la recherche en biologie, outil de savoir, de prédiction et de transformation.

Cette progression jusqu'au génie génétique rappelée, tout est pratiquement dit ; on ne va plus ensuite qu'énumérer, conjuguer les applications. Dès 1973, tout ce dont je vais parler, c'est-à-dire tous les problèmes d'éthique scientifique que soulève le développement de la génétique humaine, animale et végétale, étaient déjà présents. Contenus en germe dans la découverte de l'universalité du code génétique et dans la découverte de cette possibilité nouvelle et fantastique d'asservir n'importe quel être vivant à l'exécution d'une partie du programme génétique d'un autre être vivant.

Deuxième partie

Un questionnement éthique lié à la révolution biologique

Les bases de l'éthique

Avant d'aborder les problèmes éthiques liés au développement des possibilités ouvertes par les techniques se rattachant au génie génétique, il est nécessaire de consacrer quelques instants à une petite dissertation philosophique sur le thème de l'éthique. En effet, la définition opérationnelle de l'éthique qu'utilisent concrètement nos modernes Comités d'éthique s'inspire directement des enseignements du philosophe Emmanuel Kant (1724-1804), qui est le fondateur de la notion d'éthique. Cette définition se réfère au respect de la personne humaine et repose sur deux grands principes, qui aujourd'hui encore fondent véritablement l'analyse éthique.

Premier principe : la personne humaine a une dignité telle que cette personne ne doit jamais être considérée uniquement comme un moyen, et qu'elle doit toujours être également considérée comme une fin. Il est bien entendu courant que les personnes soient considérées comme des moyens : par exemple, celui dont le métier consiste à produire un objet ou un service peut évidemment être considéré comme le moyen de réaliser cette tâche. Mais il n'est pas moral de réduire la personne à cette dimension, de la considérer uniquement comme un moyen : elle doit toujours être également une fin.

Deuxième principe : une conception, dit Kant, une action, une analyse, peut être considérée comme conforme à la loi morale si les principes qui l'inspirent et si les conséquences qui en découlent peuvent être appliquées sans contradiction à l'univers entier. Une théorie, une proposition qui serait inacceptable ou absurde si elle était appliquée à toute la communauté humaine, est contraire à l'éthique.

Ces deux principes vont guider notre analyse des pratiques permises par les outils créés par le génie génétique. Remarquons cependant au préalable que cette conception de l'éthique place au premier plan la personne humaine. On peut dès lors se demander en quoi des pratiques concernant l'animal, l'environnement, les végétaux, peuvent être jugées d'un point de vue éthique.

D'après cette conception kantienne, ils peuvent pourtant l'être, de manière indirecte. En effet, certains comportements humains sont indignes en eux-mêmes et, par conséquent, contraires à la dignité de la personne humaine. Par exemple, on peut considérer qu'une personne qui, connaissant la souffrance animale, la provoque sans rien faire pour la diminuer, a un comportement indigne de la personne humaine et donc immoral. De la même manière, on peut considérer qu'un comportement aboutissant sciemment à une dégradation de l'environnement et ne cherchant pas à limiter ou à supprimer cette dégradation, dans la mesure où cet environnement est aussi bien celui de l'humanité présente que de l'humanité future, est un comportement indigne et contraire à l'éthique.

Nature et fondements des oppositions au génie génétique

Après cette brève parenthèse philosophique, qui mériterait de plus amples développements, je vais énumérer, avant de les reprendre une par une, les principales raisons pour lesquelles le génie génétique suscite dans la société des réactions d'opposition ou de rejet, en essayant de préciser leur fondement conceptuel ou idéologique.

La première raison, c'est que le passé de la génétique est, comme je l'ai rappelé, lourd des idéologies barbares et inhumaines qu'elle a cautionnées. Et il est impossible de faire comme si la génétique n'avait pas joué ce rôle.

Un second type de problème trouve son origine dans la conception qui est sous-jacente à l'écologie profonde, telle qu'elle se manifeste dans les pays nordiques et en Allemagne, et qui renvoie à la fois à la mythologie et au romantisme germaniques. Dans cette conception, la nature est en quelque sorte divinisée, elle est le lieu de tous les équilibres et par conséquent de toutes les vertus. Aux yeux des tenants de cette idéologie, qui sont majoritaires au sein des puissants mouvements écologistes de ces pays, toute atteinte aux processus naturels apparaît donc intrinsèquement perverse, parce qu'elle est interprétée comme une agression envers la divinité naturelle et comme une source potentielle de déséquilibre. On comprend aisément que le génie génétique soit l'une des cibles privilégiées des mouvements en question, et soulève de légitimes interrogations parmi les populations qui partagent peu ou prou cette sensibilité écologique.

D'autres personnes sont des adversaires déclarés du génie génétique parce qu'ils considèrent qu'il asservit des animaux et nie complètement leurs droits. Et de fait, cette notion de droit des animaux mérite je crois d'être discutée.

D'autres encore s'inquiètent de ce que la puissance du génie génétique crée les conditions d'un nouvel impérialisme scientifique, c'est-à-dire en réalité d'une nouvelle forme de l'impérialisme économique, puisque les pays scientifiquement développés sont également les pays économiquement développés. Le génie génétique serait donc dangereux, puisque de nature à accroître la domination exercée par les pays les plus riches à l'encontre des plus pauvres.

Enfin et surtout, le génie génétique fait peur. Il inspire en effet un sentiment de crainte à la fois générale et diffuse, en raison de sa puissance et de la diversité de ce qu'il peut permettre de faire. Le risque redouté est que les manipulations génétiques aboutissent à la création d'être vivants modifiés qui s'avèrent intrinsèquement ou potentiellement dangereux pour l'humanité : de nouveaux virus, des parasites résistants aux traitements, que sais-je ?

La société serait donc confrontée à la nécessité de se protéger contre des scientifiques soupçonnés d'imprudence, l'image qui s'impose à l'esprit étant celle de l'apprenti sorcier incapable de maîtriser les pouvoirs de sa baguette magique. Et de fait, le génie génétique, qui ouvre la possibilité de transformer les êtres vivants par le transfert de gènes, ne peut-il pas être considéré comme le dernier avatar de la baguette magique de la fée ou du magicien, qui donnait le pouvoir de transformer les êtres vivants ?

Les pouvoirs mythiques du génie génétique

En quoi les possibilités offertes par le génie génétique posent-elles des problèmes éthiques lorsqu'on veut les appliquer à la personne humaine ? Force est d'abord de constater que toutes les possibilités du génie génétique entrent en résonance avec des aspirations mythiques récurrentes dans les sociétés humaines. Ces récurrences mythiques sont au nombre de quatre au moins :

- le mythe de la connaissance, illustré par l'homme-science, l'homme-qui-sait : le génie génétique est un extraordinaire outil de connaissance ;

- la prévision de l'avenir, associée à l'image mythique du devin, probablement aussi ancienne que l'humanité elle-même : la génétique permet en effet, dans une certaine mesure, de prévoir l'avenir biologique des êtres vivants ;

- le mythe du magicien, qui transcende l'identité des êtres en les transformant en d'autres êtres : la transformation génétique résultant du transfert de gènes s'y rattache incontestablement ;

- étape ultime, le mythe prométhéen du pouvoir de création. Comme les précédents, ce mythe suprême peut, d'une certaine manière, sembler aujourd'hui plus proche d'une réalisation grâce au génie génétique.

Savoir

Pour ce qui est du savoir, je ne vois pas là de questions éthiques majeures, si ce n'est qu'il serait à mon avis non éthique, contraire à la dignité humaine, d'interdire à l'homme d'améliorer ses connaissances. Parmi les nombreuses définitions de la personne humaine que l'on peut proposer, l'une d'entre elles - limitative, naturellement - pourrait être à peu près la suivante : un mammifère qui pense et qui connaît, et qui lègue sa connaissance aux humains qui lui succèdent. La connaissance, son accumulation, sa transmission d'une génération à l'autre sont au sens propre du terme des attributs constitutifs de l'humanité, puisque le plein exercice de nos capacités mentales exige que le fonctionnement de notre cerveau soit, en quelque sorte, modelé par les connaissances qu'ont accumulées les générations qui nous ont précédés.

Prédire

Le mythe du devin, auquel renvoie la possibilité de prédire l'avenir biologique des personnes, pouvoir qu'offrent incontestablement les développements de la génétique, pose en revanche de très redoutables problèmes de tous ordres et, notamment, d'ordre éthique. Mais avant d'en traiter, il me faut récuser un autre mythe, tout à fait stupide celui-ci, concernant la personne humaine. Ce mythe, que l'on voit fleurir dans nos sociétés, dans nos journaux et parfois jusque sous la plume de scientifiques par ailleurs estimables, c'est celui du génome, grand livre de la vie qu'il suffirait de lire page après page, mot après mot, pour tout connaître du destin d'une personne humaine.

Ce mythe est dévastateur d'un point de vue éthique et parfaitement ridicule d'un point de vue scientifique. En premier lieu, il ne s'agirait bien entendu que du destin biologique des individus, auquel la destinée humaine est loin de se réduire, j'y reviendrai car ce point me semble essentiel. Mais encore faudrait-il, pour qu'il s'agisse d'autre chose que d'un mythe, que notre connaissance du génome couvre la connaissance de sa structure, la connaissance de la fonction de chacun des gènes, de la fonction combinatoire des gènes et enfin de l'interaction entre cette signification combinatoire globale des gènes et l'environnement. Alors seulement, cette connaissance parfaite ouvrirait la porte de la connaissance du destin biologique des cellules vivantes et éventuellement, dans le meilleur des cas si je puis dire, de celui des organismes vivants... Mais nous sommes loin, très loin de cette connaissance, et même de la possibilité de l'acquérir, ne serait-ce que pour une raison simple : l'environnement qui va moduler l'expression des gènes n'est pas connu et n'est pas susceptible d'être connu sur le long terme. Par ailleurs, la signification combinatoire des gènes relève probablement de processus en partie chaotiques, et elle est dans son détail probablement peu connaissable. Mais quoi qu'il en soit, acceptons l'idée selon laquelle une connaissance parfaite du génome d'un être vivant, d'un point de vue fonctionnel et structural, ouvrirait théoriquement l'accès à la connaissance biologique de cet être vivant.

Pour une personne humaine, l'une des dimensions de ce destin biologique, de ces propriétés biologiques, réside dans le processus d'humanisation, dont le siège est incontestablement un organe particulier, un cerveau dont la malléabilité est génétiquement déterminée. Je me permets d'insister : ce qui est génétiquement déterminé, c'est la malléabilité du cerveau, c'est-à-dire la possibilité d'humaniser ce cerveau. Son humanisation, elle, n'est pas génétiquement déterminée.

Cette affirmation trouve des exemples nombreux dans l'histoire. Le plus connu est celui des deux fillettes bengali dont l'histoire n'est autre que celle de Mowgli, l'enfant-loup du célebrissime Livre de la Jungle de Rudyard Kipling. Suite à la mort de leurs parents ou à un abandon, ces deux fillettes avaient été adoptées et élevées par une meute de loups. Lorsqu'elles furent retrouvées, l'une était âgée de huit ans, l'autre d'un an. La première ne s'est jamais redressée, elle marchait à quatre pattes, lapait son liquide, avait peur de la lumière et ne s'est jamais humanisée. La petite fille d'un an n'a fait que des progrès très limités ; elle n'a pratiquement jamais su parler et n'est jamais rentrée dans une communauté humaine.

Génétiquement, leur cerveau était pourtant parfaitement humanisable. Elevées dans une famille et dans une société humaines, elles fussent devenues des jeunes filles bengali comme les autres, paysannes pauvres ou étudiantes à l'Université, suivant les cas... Mais leur cerveau humanisable n'a pas été humanisé. Bien qu'appartenant à l'espèce, elles n'ont pas intégré la communauté humaine du point de vue de leur développement cérébral.

Ce que je veux montrer à travers cet exemple, c'est que ce qui fait l'être profond d'une personne humaine n'est pas génétiquement déterminé. Il est déterminé par un corpus qui est extérieur à l'individu et à ses gènes : c'est le corpus de toutes les connaissances, de toutes les valeurs, de toutes les traditions accumulées au cours de l'histoire des générations précédentes, qui s'imprime dans notre cerveau et qui le façonne par l'éducation, par le contact avec l'extérieur. En ce sens, la personne humaine n'est pas concevable isolément, en dehors de toute société. Toute personne humaine, pour être humanisée, pour devenir humaine, a besoin d'autres personnes humaines, dont l'action humanisante s'appuie sur la malléabilité génétiquement déterminée de son cerveau. Par conséquent, ce grand livre de la vie que constituerait le génome, quand bien même on saurait le déchiffrer, dirait beaucoup plus de l'animalité de l'homme qu'il ne dirait de son humanité.

Ceci précisé, il est clair que cette possibilité de connaissance offerte par le génie génétique, même limitée à une connaissance partielle du destin biologique, pose des questions tout à fait redoutables.

Il est déjà possible aujourd'hui, et cette possibilité ne fera que s'élargir, de prédire l'atteinte de certaines catégories de personnes par certaines maladies ou d'évaluer le risque de les voir développer des maladies avant même que le premier signe en soit apparu. C'est ce que l'on appelle le diagnostic présymptomatique. Ce type de diagnostic peut être réalisé avant ou après la naissance.

Problèmes liés au diagnostic prénatal

Le diagnostic prénatal est généralement réalisé en cours de grossesse, mais il peut aussi, dans certains cas, être réalisé avant l'implantation de l'embryon, qui ne compte alors que quelques cellules, dans l'utérus de la future mère : on parle alors d'un diagnostic pré-implantatoire. Un tel examen, portant sur l'enfant à naître... ou à ne pas naître, selon les résultats, pose toujours des problèmes, même si l'on peut considérer dans certains cas qu'il constitue un progrès parce que la connaissance qu'il procure, si pénible soit-elle, représente un moindre mal par rapport à la situation d'ignorance antérieure, source d'une souffrance plus importante. Prenons l'exemple du diagnostic prénatal d'une maladie génétique gravissime, incurable, entraînant irrémédiablement la mort dans des souffrances atroces à la fois pour la famille et pour l'enfant, souvent avant même qu'il se soit ouvert à une conscience du monde extérieur, qu'il ait accédé à la communauté humaine. Informés d'un tel diagnostic, les parents décident dans 99 % des cas de demander une interruption de grossesse, et l'on peut, je crois, considérer que cette solution représente tout de même une amélioration par rapport à la situation antérieure, même si c'est un échec de la médecine. La médecine n'a pas pour but d'éviter qu'une vie ne survienne, elle a pour but de soigner. Mais quand on ne peut pas soigner, empêcher une vie qui ne serait génétiquement programmée que pour souffrir, peut, je le répète, être considéré à mon avis comme légitime. Même dans la situation extrême où je me suis placé, les opinions ne sont cependant pas unanimes. Et le type de raisonnement que je viens de tenir trouve très rapidement ses limites dans de nombreux cas. On est alors confronté à de très grandes difficultés, qui sont d'ordre proprement éthique. Et parce qu'elles sont éthiques, ces questions n'ont pas de réponse stéréotypée.

L'exemple classique de ces difficultés, de cette situation tout à fait dramatique, est celui d'une maladie neurologique appelée la chorée d'Huntington. Il s'agit d'une maladie dominante à déterminisme génétique simple, c'est-à-dire que les individus hétérozygotes sont malades (ils ne sont ni moins ni plus malades que les homozygotes) et que, statistiquement, un descendant sur deux des futurs malades - je vais expliquer tout de suite pourquoi j'emploie cette expression de "futurs malades" - sera lui-même atteint. Cette affection laisse les individus parfaitement en bonne santé jusqu'à l'âge de 40-45 ans ; alors apparaissent les premiers signes neurologiques, qui vont se développer sur dix à quinze ans. Il n'existe aucun traitement, et au terme de cette période, les personnes atteintes vont mourir de manière parfaitement inéluctable, dans des conditions de déchéance physique et psychologique extrêmement pénibles pour les malades eux-mêmes, tant qu'ils en sont encore conscients et se voient décliner, et pour leur famille.

Le gène de la chorée d'Huntington est connu. Il existe un "effet fondateur", c'est-à-dire que l'on peut remonter jusqu'à l'individu porteur de la mutation fondatrice, lui-même fondateur de la lignée atteinte. On sait effectuer un diagnostic prénatal de la chorée de Huntington. Faut-il le faire ? Cela pose-t-il des problèmes éthiques par rapport à l'exigence du respect de la dignité de la personne dont j'ai parlé tout à l'heure ? Il n'y a pas de réponse. Je vais successivement développer l'argumentation au terme de laquelle il ne faut s'y engager qu'avec beaucoup de précautions, et l'argumentation selon laquelle il s'agit néanmoins d'une possibilité intéressante.

Tout d'abord, il faut rappeler une règle de base : un diagnostic présymptomatique ne se justifie que lorsque l'on va tirer une conséquence de ce diagnostic. On ne fait pas le diagnostic d'une propriété biologique de l'enfant à naître comme ça, pour voir, si le résultat de cette épreuve n'a strictement aucune implication. Un tel diagnostic, lorsque le résultat en est positif, a pour conséquence ou bien l'instauration d'un traitement, ou bien, quand on ne sait pas soigner, l'interruption de la grossesse. Si l'on décide de pratiquer un diagnostic prénatal de la chorée d'Huntington, c'est donc - puisqu'on ne sait pas la soigner - parce que l'on considère qu'un diagnostic positif justifie un avortement. Mais comment justifier une interruption de grossesse pour une maladie qui va survenir et dégrader l'individu à partir de quarante ans ? Cela résonne curieusement aux oreilles : une vie ne vaudrait-elle pas d'être vécue si elle ne s'épanouit pas au-delà de 40 ans ? Mais Mozart, Schubert, Jésus-Christ, Géricault, Evariste Gallois... Que de vies illustres interrompues avant quarante ans ! Position difficile à soutenir, en vérité.

Adoptons maintenant le point de vue inverse, et tenons pour non éthique la pratique du diagnostic prénatal de la chorée de Huntington : il ne faut donc pas utiliser cette possibilité que nous offre la science. Mais la maladie est tellement fréquente dans certaines régions, notamment au Vénézuela, qu'il y a des familles entières pour lesquelles elle est vécue comme une véritable malédiction. Il n'y a pas de jeune qui n'ait vu un père, une mère, un oncle mourir dans des conditions dont j'ai dit qu'elles étaient vraiment effroyables. Et pour ces personnes, cette maladie représente une telle menace qu'elles préfèrent souvent ne pas avoir d'enfant plutôt que de risquer d'en promettre à ce destin-là. Dans ces conditions, effectuer un diagnostic prénatal, c'est leur permettre d'avoir une descendance en pouvant leur assurer, même si elles sont elles-mêmes porteuses, que ce futur enfant ne sera ni atteint ni porteur de la maladie.

La question est encore compliquée par le fait que lorsque vous portez un diagnostic prénatal de chorée d'Huntington, vous faites également le diagnostic chez l'un des parents, qui éventuellement ne sait pas qu'il est porteur du gène, et qui se porte encore très bien. Annoncer aux parents que le diagnostic porté justifie une interruption thérapeutique de grossesse, c'est également leur dire que l'un d'entre eux - et il est généralement très facile de savoir lequel, d'après les antécédents pathologiques familiaux - est porteur du gène et ne va pas tarder à déclarer une maladie gravissime, alors même qu'on ne sait pas du tout soigner ni éviter cette maladie. Problème d'une extraordinaire difficulté.

Parvenu à ce point, je ne peux pas ne pas évoquer le moment où d'autres diagnostics prénatals pourront techniquement être réalisés, dont la mise en oeuvre éventuelle posera des questions encore plus fondamentales. Il est probable, il est hautement probable, même si les choses ne sont pas encore tout à fait claires, que certaines maladies psychiatriques ont une base génétique. Mais cette prédisposition génétique va se manifester par un phénotype en interaction avec la vie des individus, avec leur histoire, leurs passions, leurs épreuves, leurs joies et leurs peines. Que va-t-on faire de tels diagnostics ? Eliminer les futurs psychopathes, les futurs schizophrènes, les futures personnes atteintes d'une psychose maniaco-dépressive ? A moins qu'on tente de prévenir l'apparition de la maladie ? De dire à l'entourage : "Vous savez, pour que cette personne ne soit pas malade, il faut qu'elle n'ait jamais de peine, jamais de chagrin, jamais d'émotions" ? Mais il n'appartient évidemment à personne, et en particulier pas au médecin, de décider ainsi de la vie d'autrui.

Il existe un autre type de diagnostic prénatal que l'on sait faire aujourd'hui, et qui pose problème : c'est le diagnostic du sexe. On peut en discuter. Là encore, il n'est pas question pour moi de dire le bien et le mal, et de proposer des attitudes normatives, mais de poser le problème. Une école de pensée largement représentée estime que les couples ont le droit d'être informés et d'avoir la possibilité de prendre librement leur décision. Diverses méthodes sont offertes pour augmenter la probabilité d'avoir plus de garçons ou plus de filles. Leur efficacité est voisine de 50 %, c'est-à-dire que les résultats ne diffèrent pas de ceux qui résultent du hasard biologique ! Néanmoins, les gens y ont assez souvent recours, parce qu'ils ont déjà cinq filles et veulent un garçon, ou parce qu'ayant déjà cinq garçons ils souhaitent une fille. Et puis il y a le test génétique pré-implantatoire, le diagnostic prénatal qui lui est tout à fait sérieux.

Alors que faut-il en penser et peut-on considérer qu'y recourir est un droit des couples, un droit à la responsabilité, à l'exercice de sa liberté ? Ou bien peut-on estimer que cela soulève de sérieuses difficultés éthiques ? Je suis personnellement partisan de cette deuxième lecture, pour une raison qui me semble fondamentale. Le jour où l'on aura banalisé, accepté, intégré l'idée selon laquelle il est légitime de décider qu'une vie adviendra ou n'adviendra pas, sur la base d'une caractéristique physiologique aussi peu pathologique qu'être un petit garçon ou être une petite fille, il n'y aura plus aucune base morale ou philosophique pour interdire que l'on décide de la survenue ou de la non survenue d'une vie, sur la base de toute autre caractéristique non pathologique, la couleur des yeux ou des cheveux, la taille, la force physique, peu importe. Le pas aura été franchi. Considérer que les couples ont le droit de décider des caractéristiques de leur future progéniture en dehors de toute conséquence pathologique, ce serait, je crois, franchir un pas considérable et peut-être décisif dans l'évolution humaine. Mais la question est aujourd'hui en débat et l'issue de ce débat est incertaine.

La "médecine prédictive", de la prévision à la prévention

Je vais maintenant présenter quelques exemples de problèmes liés au diagnostic présymptomatique postnatal et à ce qu'on a appelé la médecine prédictive. On parle beaucoup de la médecine prédictive et on a dit à ce sujet de grandes sottises. Une anecdote à ce propos : il y a deux ou trois ans, j'avais été chargé de présenter devant le ministre de la Santé de l'époque, Madame Simone Veil, les perspectives de la génétique humaine et de la médecine prédictive. Et je lui ai tenu le discours que je vais vous tenir dans un instant. Madame Veil m'a écouté puis m'a déclaré la chose suivante : "Ce que vous dites là m'a beaucoup intéressée, et rejoint ce que je ressentais intuitivement. Voyez-vous, il y a dix ans, l'un de vos confrères - je tairai son nom ici, mais elle m'a fait plaisir en disant que c'était mon confrère, un très respectable confrère en vérité ! - m'a dit : "Madame Veil, vous êtes inquiète du dérapage des dépenses de santé, mais rassurez-vous, grâce à la médecine prédictive du Professeur Jean Dausset, demain les maladies ne surviendront plus, on pourra les prévoir, donc les prévenir, et les dépenses iront en s'atténuant". Eh bien, a conclu Madame

Veil, je ne l'ai pas cru". Bien entendu, Madame le ministre avait tout à fait raison, les choses ne sont pas si simples.

Du fait de la complexité de l'organisation du vivant, la génétique va en effet nous donner beaucoup plus souvent et beaucoup plus rapidement les moyens de prédire que les moyens de prévenir. Pas pour toutes les maladies naturellement, mais malheureusement dans de nombreux cas. Les problèmes liés à l'exercice de cette médecine prédictive diffèrent donc selon les situations envisagées.

Première situation : la prévision présymptomatique, c'est-à-dire le diagnostic d'une maladie qui n'est pas encore survenue, va permettre de prévoir, de traiter précocement et de guérir cette maladie. Naturellement, il s'agit d'une amélioration, et il faut pratiquer ce diagnostic. Ce n'est pas forcément facile, et il ne faut pas croire qu'on en tirera rapidement une amélioration importante pour l'espèce humaine. Pour quelle raison ? Tout simplement parce qu'une bonne observance est nécessaire pour que des mesures préventives préviennent effectivement. C'est-à-dire que l'efficacité des mesures préconisées pour éviter que les personnes prédisposées soient atteintes par une maladie donnée dépend de leur respect. Or rien n'est moins sûr et rien n'est moins facile. Je vais en donner un exemple : nous avons la certitude absolue - je dis bien absolue - que la cigarette multiplie environ par dix le risque de cancer du poumon, la bronchite, l'athérosclérose, l'infarctus du myocarde, le cancer de la vessie, et beaucoup d'autres maladies. C'est une connaissance scientifique, qui ne fait strictement aucun doute. C'est marqué jusque sur les paquets de cigarettes : le tabac donne le cancer.

Pourtant, de très nombreuses personnes continuent à fumer, c'est-à-dire qu'en connaissance de cause, elles choisissent de courir le risque. Imaginons que demain les progrès de l'épidémiologie et de la génétique aient ouvert la possibilité de prévoir cent maladies, chacune pouvant être éventuellement prévenue par des modifications plus ou moins importantes du style de vie, du style de loisirs, d'alimentation, de vie sexuelle, que sais-je. Il y a deux solutions, trois plutôt, il faut être optimiste !

Une première possibilité est que beaucoup de vies deviendront complètement schizophrènes, contraintes qu'elles seront par toute une série d'interdits au sein desquels il sera bien difficile de retrouver les chemins de la liberté individuelle. Seconde solution, chacun n'en fera qu'à sa tête, et les mesures préventives resteront lettre morte, c'est-à-dire qu'on ne tiendra strictement aucun compte des connaissances acquises. La solution optimiste, bien sûr, se situe entre ces deux extrêmes : chacun fera son possible, l'information pénétrera peu à peu les consciences, et les choses s'amélioreront progressivement sans dégât majeur au niveau des individus concernés. Mais dans tous les cas, y compris ceux où la médecine prédictive permettra de prédire et de prévenir efficacement, son utilisation sociale effective demandera des efforts. Ce qui, cela va sans dire, n'est pas une raison pour ne pas essayer de se servir de ces nouvelles possibilités de lutte contre la maladie !

Malheureusement, il y a aussi les cas de plus en plus nombreux où l'on sait prédire, mais non prévenir : j'en ai donné un exemple avec la chorée d'Huntington. Ou alors on peut prévenir, mais à un coût exorbitant. Prenons l'exemple du cancer du sein. Il s'agit d'une maladie importante, puisqu'elle frappe en Occident une femme sur neuf et tue une femme sur quatorze. Enorme problème de santé publique. Dans près de la moitié des cas, aujourd'hui encore, on ne guérit pas les cancers du sein.

Environ 5 à 10 % des cancers du sein sont génétiquement déterminés. On a découvert différents gènes de susceptibilité au cancer du sein, BRCA1, BRCA2 et d'autres, tel le gène de l'ataxie-télangiectasie. Pour les femmes qui présentent le gène mutant BRCA1, le risque de faire un cancer du sein est voisin de 100 %. Il ne s'agit donc pas d'un gène de faible pénétrance, mais tout au contraire d'un gène de pénétrance presque absolue, 95 % environ. Que peut-on faire de cette connaissance ? Sait-on soigner préventivement ? Non, on ne le sait pas.

Reste la possibilité de suivre médicalement les femmes porteuses du gène malade, en leur examinant les seins très fréquemment par des mammographies. Manque de chance, aujourd'hui on se rend compte que l'intérêt de la mammographie, mesuré en termes d'années de vie sauvées, est très faible, vraiment très faible. Et beaucoup considèrent même que - en tout cas chez les femmes jeunes - la mammographie entraîne finalement plus de complications iatrogènes, c'est-à-dire liées à l'acte médical lui-même, qu'elle n'a véritablement d'intérêt du fait de sa faible capacité à diriger un geste thérapeutique qui, parce que précoce, serait salvateur. Si bien qu'aux Etats-Unis, dans les familles à risque, la proposition souvent faite - mais non systématiquement acceptée - est celle d'une mammectomie bilatérale préventive, accompagnée d'une ovariectomie bilatérale, car le même gène prédispose aussi au cancer de l'ovaire ! Enlever les deux seins et les deux ovaires d'une femme de vingt ans parce qu'elle est porteuse d'un tel gène, c'est certes préventif, mais c'est le niveau zéro de la prévention. Heureusement qu'il ne s'agit pas d'un cancer de la tête !

Dans la pratique, la manière dont le problème se pose est tout à fait différente selon les familles. Dans une famille à risque, les femmes ont toutes eu une tante, une mère, une soeur atteinte du cancer du sein et elles sont mortellement inquiètes d'avoir ce cancer. Le test génétique va permettre de les rassurer, si elles ne présentent pas le gène, ou bien conduire à leur déclarer quelque chose comme : "Vous êtes porteuse du gène, Madame, et effectivement vous êtes exposée au risque. Voici ce que l'on peut faire : vous prenez le risque d'attendre l'apparition hautement probable du cancer pour entreprendre un traitement, en sachant qu'on n'est pas sûr de vous guérir, ou alors vous préférez qu'on vous enlève préventivement les deux seins et les deux ovaires". Là encore, l'exercice de la liberté individuelle apparaît singulièrement biaisé[5].

---

5. Une très ancienne question métaphysique se repose aujourd'hui sous une forme nouvelle, à la lumière de la génétique moderne. Elle se situe à l'intersection entre les notions de destinée, de fatalité et de liberté. Il est

Pourtant, l'utilisation du test peut se justifier, dans un tel contexte. En revanche, dans l'ensemble de la population, la pratique d'un tel test n'aurait aucune justification. Premièrement, elle n'a pas d'intérêt du point de vue du nombre de vies sauvées. La grande majorité des cancers du sein de la femme n'est en effet pas détectable par l'application de ce test. En effet, au moins 90 % des cancers du sein sont sporadiques, et la possibilité de dépister les 5 à 10 % de cancers familiaux ne justifie pas la généralisation du test, d'autant qu'une partie des cancers en question relève d'autres méthodes de dépistage, reposant sur les antécédents familiaux des femmes. Deuxièmement, soumettre au test une femme qui n'a jamais rien demandé à personne, et lui annoncer d'un seul coup : "Madame, vous avez un gène de cancer du sein, on ne peut rien pour vous, si ce n'est vous enlever les deux seins", c'est dur ! Aussi n'y a-t-il en réalité aucune indication médicale à la pratique d'un test génétique du cancer du sein dans la population générale, en dehors des familles à risque.

Il n'y a pas d'indication médicale, mais il y a une indication économique. Tous les tests de détection des gènes codant pour des susceptibilités à des maladies fréquentes sont en effet développés par des firmes commerciales privées, soit que ces firmes privées, qui sont capables de mobiliser des moyens dont ne disposent pas les laboratoires académiques, même très puissants, aient effectivement découvert ces gènes, ce qui représente 95 % des cas, soit que des laboratoires académiques leur en aient très rapidement concédé la licence. L'intérêt de ces firmes commerciales n'est évidemment pas de limiter la pratique du test aux familles à risque, car ce marché est très étroit ! Leur intérêt, c'est au contraire d'en généraliser l'application dans la population.

---

raisonnable de considérer que la meilleure manière d'assumer sa liberté est d'accepter sa destinée. Mais je m'interroge sur la signification de la liberté pour un individu qui, du fait d'un destin génétique qu'il connaît désormais, n'a que le choix de prendre le risque de contracter une maladie incurable qui va le tuer, ou de mener une existence terriblement contrainte, dans l'espoir d'y échapper.

Les sommes en question sont colossales. Je reprends l'exemple du cancer du sein : le test génétique vaut 200 dollars. Il y a dans les pays économiquement développés 400 millions de femmes à peu près. Admettons qu'une bonne campagne promotionnelle conduise, d'une manière ou d'une autre, 10 % d'entre elles, soit 40 millions de femmes, à se faire pratiquer le test. Le marché potentiel est de 8 milliards de dollars pour ce seul test. Intérêt considérable, et pression non moins considérable des firmes concernées, avec à la clé un conflit douloureux entre une logique médicale et humaine qui tend à réserver ces tests aux familles à risque, et une logique commerciale qui vise à élargir le marché.

Tests génétiques et justice sociale

Et puis - et l'on atteint là probablement la question la plus difficile - il faut aborder la question de l'utilisation des tests génétiques dans la vie sociale, c'est-à-dire avant tout dans l'accession à l'assurance et au travail. En France, cette utilisation est en principe interdite par divers textes législatifs ou règlementaires. La loi du 29 juillet 1994, dite de "bioéthique", stipule en particulier que les tests génétiques ne peuvent être pratiqués qu'à des fins médicales ou scientifiques. La réalisation de tels tests ne peut donc être demandée ni par une assurance ni par un employeur.

Assurance

L'an passé, les assurances européennes ont décidé d'un moratoire de cinq ans concernant la pratique des tests génétiques. Mais en fait, ces garde-fous ne sont pas solides, et tout laisse même penser qu'ils vont bientôt s'effondrer. Pour quelles raisons ? D'abord parce qu'un moratoire, par définition, est temporaire et que nous sommes déjà au cinquième de sa durée. Ensuite, en raison de la multiplication des tests génétiques de prédisposition disponibles sur le marché : ces tests étant de plus en plus demandés pour des raisons médicales ou scientifiques, les individus accèdent inévitablement à une connaissance génétique croissante de leur destin biologique. Or dans le contexte actuel du développement des systèmes d'assurance individuelle plutôt que collective, les individus présentant un "bon" risque génétique seront les premiers à en arguer pour négocier un contrat d'assurance intéressant. Et il n'y a rien d'immoral là-dedans.

Pour le comprendre, il faut se rappeler qu'il existe en gros deux types d'assurances. Il y a d'abord l'assurance collective, représentée par la Sécurité sociale, qui est basée sur l'égalité des individus face à l'assurance et sur la solidarité : en d'autres termes les bons risques payent pour les mauvais risques. En France, ce système est encore très largement majoritaire, quoiqu'il recule régulièrement au profit des systèmes d'assurance privés, au point qu'il est à craindre que dans les années qui viennent, les systèmes d'assurance privés ne prennent le dessus. Les fondements de l'assurance privée sont très différents : ce sont l'équité, la bonne foi et le consentement mutuel, qui sous-tendent le droit contractuel.

Premier point, un contrat doit être offert à chacun sur une base équitable, c'est-à-dire au juste prix, qui est naturellement fonction de l'appréciation la plus objective possible du risque. Et effectivement, l'appréciation du risque est le principal problème qui se pose pour le calcul des primes pour les assurances individuelles. Aux Etats-Unis, où seules existent les assurances individuelles, ce problème est beaucoup plus sensible qu'en France et a été très largement étudié. L'évaluation du risque repose sur le principe de la bonne foi. En d'autres termes, pour maintenir l'équité, il ne faut pas que l'assureur puisse se voir cacher des renseignements biologiques que le malade a sur lui-même. Pour quelles raisons ? Sur le plan juridique, parce que cela vicie le consentement de l'assureur et entraîne la nullité du contrat. Sur le plan économique, parce que si tous les assurés qui ont un "mauvais" risque le dissimulent à un assureur particulièrement confiant, celui-ci va faire faillite, ce qui remettra en cause l'ensemble du système.

Donc le principe, c'est que lorsque le futur assuré est lui-même informé d'un facteur de risque le concernant, et en particulier d'un diagnostic médical, il est tenu d'en informer l'assureur, à peine de nullité du contrat d'assurance. A partir du moment où les individus auront du fait de la multiplication des tests génétiques une meilleure connaissance de leur destin biologique, ils seront obligatoirement conduits à présenter les résultats de ces tests dans le cadre de la négociation ou de la renégociation de leurs contrats d'assurance. C'est la logique même de ce système d'assurance.

Pour résumer, la situation est donc actuellement la suivante : la réglementation en vigueur fait obligation aux personnes qui contractent une assurance individuelle d'informer les assureurs des résultats des tests génétiques qu'elles auraient fait pratiquer pour des raisons médicales ou scientifiques, si ces résultats sont de nature à accroître le risque garanti par le contrat. En revanche, la loi interdit pour l'instant aux assureurs d'exiger de leurs clients l'application de tels tests, sans bien entendu interdire aux assurés de produire des résultats de nature à diminuer le risque garanti.

Emploi

Pour ce qui est de l'embauche, l'inéluctabilité de l'évolution m'apparaît presque aussi forte. Chacun sait que le coût du travail pèse fortement sur la compétitivité de nos économies occidentales par rapport à celles des "dragons" d'Asie du Sud-Est ou de certains pays en développement, où les salaires moyens équivalent souvent au quart ou au cinquième de ceux de nos pays. Par conséquent il y a une pression considérable pour optimiser l'adéquation de l'employé à l'emploi. Et pour y parvenir, concernant surtout les cadres moyens et supérieurs, les employeurs ont recours à toute une série de procédés, dont certains sont scientifiquement parfaitement ridicules, comme la graphologie ou la numérologie, qui s'apparentent pratiquement à la voyance ! Du jour où ces employeurs auront à leur disposition des tests génétiques d'une valeur prédictive, d'une scientificité autrement importante que celle des procédés que je viens d'évoquer, pourront-ils faire autrement que de les utiliser, la pression économique internationale étant ce qu'elle est, dans l'objectif de minimiser les pertes de productivité liées aux troubles de santé, voire même, si cela leur est permis un jour, pour optimiser l'adéquation de l'employé à l'emploi.

Cette évolution possible serait, plus encore que celles dont j'ai parlé jusqu'ici, de nature à bouleverser les bases organisationnelles de nos sociétés occidentales, qui reposent plus ou moins directement, que ce soit en Europe, en Amérique du Nord ou ailleurs, sur les principes réaffirmés par la Déclaration des Droits de l'Homme. Tous les hommes naissent libres et égaux en droits, parce qu'ils ont une qualité commune : leur humanité. Cela entraîne un principe d'organisation solidaire, dont les systèmes collectifs d'assurance sociale sont un bon exemple.

Du jour où la connaissance du destin biologique des individus sera utilisée pour introduire des limitations dans le système d'assurances, et surtout dans le système d'embauche, de ce jour il est clair que l'on évoluera d'un système où les droits de chaque homme sont définis d'une manière générique du fait de son humanité, à un système où les droits de l'individu seront fonction de son patrimoine génétique. Extraordinaire régression vers un système où celui qui a eu le malheur d'avoir tiré un mauvais numéro à la grande loterie de l'hérédité, en sera doublement affecté, non seulement dans sa santé, mais aussi - parce que la société en sera informée - dans sa liberté et dans ses droits.

Alors que faire ? Je n'ai bien entendu aucune solution miracle à proposer. Mais mon propos n'est pas non plus de jouer les Cassandre et de promettre un avenir peint de couleurs effroyables. Le pire n'est jamais sûr, mais le meilleur non plus ! Ma conviction, c'est que la seule chance d'éviter que ne se mettent en place ces dérives que je viens d'évoquer et auxquelles nous poussent des forces considérables, réside dans l'information, dans l'exercice de la liberté des citoyens et en définitive dans la démocratie.

Le citoyen, par rapport à ces problèmes, a une position ambiguë. Au niveau individuel, il est tenté, comme je l'ai dit, de négocier au mieux son embauche ou les termes de son contrat d'assurance, etc. Ce type de comportement individualiste pousse effectivement à la mise en place de systèmes parcellisant l'humanité, si je puis dire.

Mais il y a une autre dimension, qui est une exigence de qualité de vie. Or il est clair que cette exigence de qualité de vie dans le village, dans la cité, impose pratiquement le respect de la solidarité, de manière à ce qu'avec ce voisin - cet autre dont l'existence est complètement indispensable, je l'ai rappelé tout à l'heure, à l'édification d'une personne humaine - l'existence soit aussi harmonieuse que possible. Et cette exigence du maintien de la solidarité comme ciment de la société et fondement de l'harmonie de la vie de la cité, se manifeste aussi tous les jours. Il n'est que de voir les centaines de milliers de lycéens ou d'étudiants qu'une revendication solidaire peut faire descendre dans la rue. Si bien qu'il est indispensable que nos concitoyens soient véritablement informés des risques qui se profilent derrière certaines pratiques permises par les avancées de la science. Quel monde voulons-nous pour nous et pour nos enfants ? Comment croyons-nous pouvoir être les plus heureux, nous-mêmes, nos enfants, les enfants de nos enfants ? Quel sera le village, quelle sera la cité, quelle sera son organisation ? Dans lequel de ces deux mondes voulons-nous vivre ?

Non, le pire n'est pas inéluctable, parce que nous avons collectivement le pouvoir de disqualifier toute pratique qui aboutirait ainsi à parcelliser l'humanité et à menacer nos sociétés. C'est je crois la seule chance : il nous faut définir socialement les normes du bon et du mauvais usage de nos nouveaux pouvoirs. Telle est du moins la conviction qui me pousse à battre les estrades et répéter ce discours, car il est nécessaire que ce débat soit lancé et alimenté, et les scientifiques ont à cet égard, en tant que citoyens et premiers détenteurs de l'information, des responsabilités particulières.

Transformer

La troisième grande possibilité offerte par le génie génétique est celle de transformer. C'est celle du magicien. Transformer la vie humaine par voie génétique est probablement possible. Techniquement parlant, il ne doit guère être plus difficile de faire un homme transgénique qu'il n'est difficile de faire une souris transgénique ou, comme cela a été fait par l'INRA, des lapins, des brebis ou des bovins transgéniques. Mais est-ce pour autant légitime sur le plan éthique ?

Un mammifère pas comme les autres

D'un point de vue biologique, l'homme est un mammifère comme les autres et toutes les pratiques, toutes les procédures génétiques applicables aux êtres vivants en général, sont sans doute techniquement applicables à l'homme. Si bien que lorsque l'on parle de la transformation génétique ou de l'application à l'homme des techniques du génie génétique, on ne peut faire, je crois, l'économie d'une réflexion sur le statut de la vie humaine, forme de vie semblable à toutes les autres formes de vie, mais en même temps différente de toutes les autres.

En quoi la vie humaine présente-t-elle une particularité, qui va rendre illicites des pratiques que l'on va considérer comme licites lorsqu'elles sont appliquées à d'autres formes de vie ? Je ne vais pas disserter longuement sur la définition de la personne humaine, mais simplement indiquer quelques pistes de réflexion. Et tout d'abord ce à quoi elle ne se réduit pas, c'est-à-dire à sa définition biologique et à sa définition socio-historique. Il est certain que l'homme est un mammifère doté d'un cerveau particulier, un mammifère pensant. Cela dit, s'en tenir à cette définition pourrait conduire à la barbarie, car elle peut logiquement amener à conclure que tout mammifère humain pensant moins ou moins bien que les autres perd sa qualité d'homme, sa dignité humaine, et par conséquent peut être éliminé au même titre que l'on élimine un animal inutile ou nuisible. C'est à partir d'une telle conception que furent d'abord stérilisés puis massacrés les malades mentaux dans l'Allemagne nazie. Il est donc clair que cette définition biologique de la personne humaine ne saurait suffire, même si l'on ne peut évidemment pas s'en passer.

Karl Marx disait que l'homme est la société de l'homme, et il avait raison. Je vous ai dit que la conception d'un homme seul n'avait aucun sens, puisque l'humanisation résulte de l'appartenance à une société humaine. Il n'empêche que la conception stalinienne qui subordonne le progrès de l'individu à celui de la collectivité, a elle aussi produit sa part de barbarie. L'homme social, par conséquent, ne peut suffire, d'un point de vue à la fois éthique et pratique, à définir la personne humaine, parce que précisément il s'agit aussi de la défendre contre la société.

Sur le plan opérationnel, on est me semble-t-il conduit - tout en mesurant le flou philosophique qui entoure cette proposition, que je ne considère en quelque sorte que comme une matière à travailler - à définir la personne humaine comme un être vivant biologiquement et socialement défini, doué de talents tels qu'il peut se poser le problème de ses propres droits et de sa propre dignité et, se les posant, étendre cette dignité à ses avatars, c'est-à-dire à ses projets - l'embryon humain - et à ses échecs - les malades mentaux et tous les êtres humains qui ne possèdent pas ou plus ces capacités mentales qui définissent biologiquement la personne humaine.

Cette conception fournit une base opératoire pour l'action, parce qu'elle nous aide pratiquement, sans nous renvoyer à chaque instant à une analyse philosophique approfondie, à nous comporter de manière éthiquement acceptable face aux différents problèmes concrets auxquels nous pouvons nous trouver confrontés.

Nous allons nous appuyer sur cette définition pour expliquer pour quelles raisons une pratique que l'on peut appliquer à d'autres formes d'êtres vivants deviendrait contraire à l'éthique à partir du moment où elle serait appliquée à une personne humaine, et finalement pour savoir ce qui est légitime et ce qui ne l'est pas quant à la transformation génétique d'une personne humaine.

Thérapie génique

Que peut-on faire ? Eh bien, on peut déjà transformer un homme malade en homme sain vivant normalement grâce à ce que l'on appelle la thérapie génique.

Il y a deux types de thérapies géniques. La première considère que l'ADN, le gène, est en quelque sorte un médicament d'un type nouveau, dont l'utilisation vise uniquement à soigner des individus malades qu'on ne sait pas bien ou pas du tout soigner par une autre méthode, sans d'aucune manière changer l'hérédité de cette personne. Ce type de thérapie génique ne soulève je crois aucun problème éthique particulier. Il existe encore une interrogation quant à son efficacité, mais pas quant à son caractère éthique. Et puis il y a une thérapie génique dite germinale, qui va à la fois soigner et modifier l'hérédité des patients.

Thérapie germinale

Qu'on ne me fasse pas dire ce que je ne pense pas : il n'est pas en soi contraire à l'éthique d'essayer de guérir, au-delà de la personne traitée, l'hérédité de son futur lignage. Ce que je dis, c'est que la question ne se pose pas dans l'espèce humaine. Comment pourrait-on en effet réaliser une thérapie génique germinale dans l'état actuel des techniques ? Il n'y a qu'une réponse possible : en produisant un homme transgénique. On ne connaît pas d'autre manière de faire passer un gène dans la totalité du *germen* et du *soma*.

Produire un homme transgénique, je vous l'ai dit, c'est certainement possible. Mais avant de pratiquer la transgénèse sur un embryon humain pour préserver l'enfant à naître et sa descendance d'une maladie génétiquement programmée, il faudrait évidemment savoir reconnaître, parmi les oeufs fécondés destinés à donner un enfant, ceux qui évolueront vers un futur malade et ceux qui évolueront vers un enfant normal. Cette information ne pourrait résulter que d'un diagnostic pré-implantatoire. Or, dans les conditions de la fécondation humaine *in vitro*, qui sont les seules dans lesquelles il est possible de pratiquer un tel diagnostic, on dispose toujours de plusieurs oeufs fécondés. Le diagnostic pré-implantatoire conduirait donc à trier les "bons" des "mauvais". Dans cette situation, il serait tout de même absurde d'éliminer les bons pour réimplanter dans l'utérus maternel les mauvais, préalablement traficotés, avec des résultats au surplus tout à fait incertains ! Le médecin qui le ferait serait un fou dangereux. Dans les conditions de la pratique, je répète donc qu'il n'existe actuellement absolument aucune indication d'une thérapie génique germinale en médecine humaine.

Et pourtant, une pression scientifique et idéologique très forte s'exerce à l'heure actuelle, que l'on voit à l'oeuvre y compris dans la communauté européenne et au niveau d'autres instances internationales. C'est ainsi que le comité d'éthique de l'UNESCO n'est pas parvenu, il y a quelques mois, à se mettre d'accord sur un texte reconnaissant qu'il n'y a aucune indication médicale, et donc aucune légitimité, à la thérapie génique germinale. Pour quelle raison ? Tout simplement parce que certains ont en tête, non pas la thérapie génique germinale, mais l'amélioration germinale d'un lignage humain.

La question est, là encore, philosophique et éthique : est-il acceptable pour l'homme de se fixer comme objectif l'amélioration germinale d'un lignage humain ?

J'ai dit que je ne donnais pas ici un cours de morale, aussi me bornerai-je à développer quelques arguments relatifs à la signification scientifique et éthique d'un tel comportement. Le premier élément de réponse, c'est qu'on serait aujourd'hui bien incapable de pratiquer une telle opération de manière maîtrisée, et l'image de l'apprenti sorcier ne serait pour le coup pas déplacée pour celui qui s'y risquerait. Les chercheurs de l'INRA sont bien placés pour savoir que certains des porcs que l'on avait tenté d'améliorer d'un point de vue génétique, n'ont pas été véritablement améliorés. Les premiers porcs transgéniques produisant davantage d'hormone de croissance, qui étaient destinés à avoir beaucoup de maigre et peu de gras, étaient également arthritiques et stériles. Donc la technique n'est pas encore parfaitement au point, et l'on voit bien que la procédure, nécessairement expérimentale, de son éventuelle mise au point soulèverait en elle-même de graves questions d'ordre moral.

Deuxièmement, l'application à l'espèce humaine de la notion d'amélioration génétique pose problème. Améliorer un porc pour qu'il ait moins de gras et plus de maigre, on voit bien ce que cela veut dire. Améliorer une vache pour qu'elle produise davantage de lait, on voit bien aussi (même si l'on prend aujourd'hui mieux conscience des problèmes qui sont liés au choix des objectifs de sélection). Mais améliorer un homme, une lignée humaine, une population, qu'est-ce que cela peut bien vouloir dire ? On pense d'abord à ce que cet homme a de spécifiquement humain, c'est-à-dire ses capacités mentales. Or les capacités mentales ne dépendent pas d'un gène, elles dépendent de la combinatoire complexe de probablement 30 000 de nos gènes au moins ! Et cette amélioration-là, on en est durablement tout à fait incapable. S'il s'agit maintenant d'améliorer telle capacité de l'individu, de manière à ce qu'il ait une plus grande taille pour mieux jouer au basket et faire gagner l'équipe nationale, ou bien des biscottos terribles pour réaliser telle ou telle tâche physique, alors je vous renvoie au respect de la dignité de la personne humaine et au premier principe de Kant : faire en sorte que l'homme ne soit jamais uniquement un moyen mais aussi une fin. Naturellement, créer un homme grand pour en faire un basketteur, ce serait purement et simplement l'instrumentaliser, et ceci représenterait de manière flagrante une agression violente contre la dignité de la personne humaine.

Enfin, quand bien même on arriverait à améliorer ce qu'il y a en l'homme de plus spécifiquement humain, ses capacités mentales, une telle entreprise serait en contradiction directe avec toutes les actions qui ont été engagées depuis au moins deux siècles dans nos sociétés, dans l'objectif résolu d'atténuer les conséquences de l'inégalité biologique, actions qui ne sont probablement pas sans rapport avec les progrès de tous ordres qu'ont connus ces sociétés... Avec la création de lignages humains prétendument améliorés, non seulement l'action humaine n'aurait plus pour but de diminuer les conséquences d'une inégalité biologique irréductible, mais elle viserait au contraire à créer une nouvelle inégalité biologique ! Il s'agirait là encore d'une révolution conceptuelle, culturelle, absolument considérable.

Xénogreffes : le point de vue utilitariste

Parlant de la transformation, il faut que je parle également des xénogreffes. Il s'agit d'une thérapie génique un peu particulière, qui consiste, pour l'un des procédés qui est à l'étude, à créer des animaux transgéniques tels que leurs organes deviennent tolérables par l'homme. Cette question des xénogreffes est très intéressante à considérer sous différents aspects. Aspect scientifique d'une part, mais ce n'est pas tellement mon propos, aspect éthique d'autre part. Une équipe australienne de recherche a récemment publié dans un journal international de bioéthique un article tout à fait intéressant sur les xénogreffes.

Les Australiens, comme les Américains, les Anglais, sont marqués d'un point de vue éthique par cette philosophie appelée l'utilitarisme moral, qui est issue d'une longue tradition philosophique anglaise illustrée notamment par Thomas Hobbes, Jeremy Bentham et John Stuart Mill. Le principe de base de cette démarche consiste à mettre systématiquement en balance en termes d'"utilité" les avantages et les inconvénients qui s'attachent inévitablement à chacun de nos actes (Bentham parlait d'une "arithmétique des plaisirs"). Une action est considérée comme moralement acceptable à partir du moment où elle est plus utile que nuisible, c'est-à-dire à partir du moment où son utilité globale, telle qu'elle ressort de ce bilan, apparaît positive non seulement bien entendu pour l'acteur intéressé lui-même, mais aussi pour son entourage et l'ensemble de la collectivité. L'objectif consiste à accroître toujours l'utilité globale, c'est-à-dire le bien commun.

D'un point de vue utilitariste, que peut-on penser des xénogreffes, s'interrogent donc nos éthiciens professionnels australiens. En d'autres termes, est-il légitime d'utiliser un animal pour sauver un homme ? Leur réponse, c'est que tout dépend de la qualité relative des vies que l'on détruit et que l'on sauve. S'il s'agit de détruire une vie de qualité inférieure à celle de la vie à sauver, rien ne s'y oppose. Si l'on prélève le foie d'un porc, représentant d'une espèce qui n'est que moyennement intelligente, pour le greffer à un homme, espèce intelligente par excellence, la somme algébrique des utilités est positive, et ce type de pratique est moralement licite.

Mais, disent ces éthiciens, il faut aussi considérer que certaines vies humaines n'ont pas plus de valeur qu'une vie animale parfaitement constituée. La pratique des xénogreffes ne peut donc selon eux être justifiée, d'un point de vue utilitariste, que dès lors que l'on ne s'interdit pas *a priori* de sacrifier, pour utiliser leurs organes, des personnes humaines dont la vie n'a ni la qualité de la vie de la personne qu'il s'agit de sauver par une greffe, ni celle de l'animal que l'on pourait envisager de sacrifier à cette fin. Et l'on pense ici aux malades mentaux, aux victimes de certaines formes d'encéphalopathies, etc. Cette conception heurte violemment les nôtres, et l'on entrevoit immédiatement, de manière plus ou moins claire, les risques dont elle est porteuse (risques dont l'histoire a confirmé la réalité à de nombreuses reprises, et qu'illustrent par exemple les excès passés de l'eugénisme génétique dans certains pays). Voilà la raison pour laquelle la définition opérationnelle que j'ai donnée tout à l'heure étend la notion de dignité de la personne humaine à ses avatars et à ses projets.

Créer

Nous en arrivons au mythe ultime, le mythe prométhéen. Les scientifiques ne savent pas (pas encore ?) créer la vie *de novo*. Ils ne sont même pas (pas encore ?) capables de récupérer de l'ADN de Diplodocus et l'injecter dans des oeufs de poule ou de batracien pour créer un parc d'attraction d'un nouveau genre, comme l'a suggéré un film récent, avec beaucoup de succès.

En revanche, on peut d'une certaine manière créer la vie humaine en produisant des embryons, un peu comme on le désire. Et un problème éthique très important se pose à ce sujet : est-il éthique ou non éthique de créer une vie humaine pour une autre finalité que la vie humaine qui pourrait en dériver ? Ceci représente-t-il ou non une atteinte à la dignité de la personne humaine ? La réponse va de soi, si nous nous appuyons sur les principes et sur la définition que nous nous sommes donnés. D'une part, la dignité de la personne humaine s'étend à ses projets, donc aux embryons humains. D'autre part, la seule justification éthique pour créer une vie humaine, c'est cette vie humaine. Que l'homme soit une fin et non pas simplement un moyen. Par conséquent, tout procédé qui créerait une vie humaine, non pas dans le désir que cette vie humaine puisse, le cas échéant, s'épanouir, mais afin de constituer du matériel biologique, à des fins de recherche, de transfert de cellules ou de transfert d'organes, est contraire à l'éthique.

Troisième partie

Autres applications et enjeux du génie génétique

La vie animale et végétale

Puisque je m'adresse aux chercheurs de l'INRA, je voudrais maintenant quitter l'homme pour aborder rapidement, en prélude à la discussion, quelques-unes des questions liées à la transformation d'autres formes de vie que la vie humaine.

Ces transformations des espèces animales, végétales, bactériennes, comme je l'ai dit initialement, posent un problème éthique, d'ailleurs extrêmement intéressant. En m'appuyant sur le principe du respect de la dignité de la personne, je vous ai dit que l'on pouvait considérer que le comportement d'un expérimentateur vis-à-vis de la souffrance animale avait indiscutablement une dimension éthique. De la même manière, le comportement par rapport à l'environnement a des répercussions éthiques et je crois que c'est probablement un des acquis importants des mouvements écologiques, que d'avoir attiré l'attention sur le fait que le respect de la dignité de la personne devait se concevoir aussi en termes de respect de la dignité des générations futures : nous sommes responsables des conditions de vie que nous créons pour ces êtres humains qui n'existent pas encore, et ceci ne se limite pas aux aspects environnementaux au sens écologique du terme ! Je renvoie au deuxième principe kantien : est non éthique toute solution, tout comportement, dont la généralisation n'est pas concevable sans contradiction.

Le comportement consistant à préparer sciemment pour nos successeurs un cadre de vie que nous refuserions pour nous-mêmes, quand bien même nos sociétés présentes n'en pâtiraient pas, comporte une double contradiction : la première réside dans la transgression de l'adage "ne fais pas à autrui ce que tu ne voudrais pas que l'on te fasse", la seconde dans le fait que la généralisation dans le temps d'une telle pratique mettrait rapidement en cause la survie même de l'espèce humaine. Ce comportement est donc clairement inacceptable d'un point de vue éthique. Cette éthique de la responsabilité dont l'émergence me semble absolument nécessaire trouve ici la totalité de sa signification, avec l'irruption de cette nouvelle dimension : le respect de la dignité des personnes humaines qui n'existent pas encore, que l'on peut globalement assimiler à des "projets" de l'espèce humaine.

Voyons de plus près comment s'applique cette conception de la responsabilité, lorsque l'on considère différentes pratiques issues des biotechnologies. Tout d'abord les plantes transgéniques. D'un point de vue éthique, leur obtention et leur utilisation renvoient à mon avis à deux types de problèmes.

Le premier problème a trait à la sécurité, et renvoie à ce que l'on appelle aujourd'hui le principe de précaution, qui rejoint ce dont je viens de parler. Nul ne peut s'épanouir dans des conditions d'insécurité et d'agression, dans un environnement hostile et menaçant. La notion de dignité de la personne humaine conduit donc à lui reconnaître un droit à la sécurité, condition de son épanouissement.

Ceci nous crée le devoir moral de gérer avec précaution toutes les techniques que nous développons, tout particulièrement dans ce domaine ultra-sensible qu'est la biologie. Ce principe suppose que nous nous livrions à une évaluation aussi approfondie que possible des risques encourus, quelle que soit leur nature. C'est ainsi que la Commission du génie biomoléculaire, que j'ai l'honneur de présider depuis un certain temps, lorsqu'elle se trouve confrontée au problème de la dissémination de nouvelles variétés de plantes créées par transgénèse, se pose systématiquement la question des conséquences de cette éventuelle dissémination et de la nature des risques associés, pour nos agriculteurs, pour les enfants de nos agriculteurs, pour les consommateurs, pour l'ensemble de la société, pour les écosystèmes, aujourd'hui, ici, demain, ailleurs, plus tard...

Autre responsabilité : gérer l'imprévisible, ou plus exactement gérer dans l'imprévisible. En matière agricole, gérer dans l'imprévisible, c'est maintenir la biodiversité, conçue comme un patrimoine commun, comme une réserve de ressources potentielles face à l'imprévisible : survenue d'une peste, d'une maladie, de modifications climatiques, que sais-je ? C'est certainement dans l'extraordinaire diversité génétique intra- et inter-spécifique des êtres vivants que se situent la plupart des solutions potentielles à ce type de problèmes. Le souci de la sécurité que nous impose le principe de précaution passe donc par le maintien de cette biodiversité. Les biotechnologies, le génie génétique sont-ils de nature à réduire la biodiversité ? En tant que tels, non, la réponse est claire. Le transfert d'un gène d'une espèce dans une autre espèce, en particulier, crée une nouvelle diversité biologique et ne la réduit pas.

Cependant, la réduction de la biodiversité a commencé depuis bien longtemps. Pour ce qui est des variétés végétales cultivées, elle a commencé en même temps que la sélection variétale car la variété qui, par sélection, par croisement, acquiert un avantage comparatif, va inévitablement voir son usage s'élargir (c'est d'ailleurs l'objectif des sélectionneurs et ce qui motive leur action), ce qui ne peut se faire qu'au détriment d'autres variétés, d'autres espèces.

La transgénèse risque d'amplifier ce phénomène, en raison même de sa puissance : une variété brutalement dotée d'un avantage considérable risquerait d'éliminer du marché beaucoup d'autres variétés. Les effets de ces mécanismes économiques normaux, que l'on peut considérer comme pervers du point de vue de la biodiversité, et donc de la sécurité, peuvent sans doute être contrôlés. Le transgène pourrait par exemple être transféré à de nouvelles variétés par croisements sexués ou asexués...

Quoi qu'il en soit, je répète que les biotechnologies ne représentent pas en elles-mêmes une menace pour la biodiversité, mais au contraire une source potentielle pour une nouvelle biodiversité, à travers la création *de novo* de combinatoires et de phénotypes qui n'existaient pas auparavant.

Enjeux économiques et brevets

J'en viens à un aspect qui est absolument central dans toutes les discussions qui se déroulent à travers le monde sur l'utilisation des biotechnologies. Il s'agit des intérêts économiques et financiers qui sont liés au développement de ces nouvelles techniques.

Il s'agit du génie génétique comme outil de domination économique, et donc facteur d'inégalité renouvelée, croissante entre les pays développés du Nord et les pays du Sud.

Les analystes économiques - quand bien même on peut déjà aujourd'hui constater un net retard dans la réalisation de leurs prévisions antérieures - considèrent que les biotechnologies utilisant le génie génétique devraient représenter entre l'an 2005 et l'an 2010 un marché de l'ordre de 110 à 120 milliards de dollars. Et leur importance devrait ultérieurement continuer à croître de manière importante. Dans le domaine de la pharmacie, on estime que d'ici vingt à trente ans, le génie génétique interviendra dans la fabrication de près de 50 % des produits médicamenteux mis sur le marché. Beaucoup de spécialistes considèrent, aux Etats-Unis, au Japon, que les biotechnologies sont l'une des principales formes de la modernité et que leur maîtrise est indispensable à tout pays désireux de compter au nombre des premières puissances économiques mondiales. Les enjeux stratégiques et commerciaux sont par conséquent tout à fait considérables.

Quelle est la matière première du génie génétique ? Ce sont les gènes. Qui dit marché économique dit combat pour l'accession aux matières premières et pour la protection de cet accès. Par conséquent, dans le domaine du génie génétique, comme jadis dans celui du pétrole ou de l'uranium, les opérateurs économiques se livrent un combat farouche pour l'accès et la protection de l'accès à la matière première des biotechnologies, c'est-à-dire aux gènes. Cette lutte se traduit par une véritable course à l'obtention de protections juridiques de plus en plus précoces sur les gènes susceptibles d'applications industrielles.

Il s'agit pour les firmes ou les laboratoires concernés d'obtenir des brevets portant sur des segments de gènes et attribuant à leur "découvreur" un droit d'exclusivité temporaire pour l'exploitation commerciale de tous les produits biotechnologiques qui pourraient être dérivés du gène dont une partie - une étiquette comme l'on dit - aurait été brevetée. La France a joué un rôle tout à fait important pour lutter contre cette appropriation des ressources génétiques, sans aller jusqu'à dire que le gène n'est pas brevetable. Le gène, en tant que molécule, comme en tant que constituant d'un procédé biotechnologique permettant d'obtenir un produit nouveau, de fabriquer un test de diagnostic, etc., est effectivement brevetable. Ne le serait-il pas que l'investissement dans les biotechnologies industrielles en serait considérablement diminué.

Le problème - bien difficile - consiste donc à trouver un compromis entre la liberté d'accès à la connaissance et la protection de l'investissement, condition du développement industriel des biotechnologies. Le compromis à trouver doit ménager l'équilibre entre d'une part la protection des intérêts d'une société prête à consentir un investissement risqué et à long terme (les résultats sont en effet extrêmement incertains et le développement de ce type de technologies nécessite couramment une dizaine d'années) et d'autre part la possibilité de ménager un libre accès à cette connaissance génétique pour une autre utilisation que celle qui fait l'objet de l'investissement de l'industriel considéré. Cette discussion un peu technique est en réalité d'une grande importance ; elle va marquer les années à venir et de son issue dépendra en partie l'avenir économique des biotechnologies.

Du brevet sur les gènes, on passe au problème des brevets sur les êtres vivants. Comme on le sait à l'INRA, il existe en Europe un système tout à fait particulier pour les variétés végétales. Ce système est de plus en plus battu en brèche par l'acceptation du brevet sur les gènes intégrés à un procédé biotechnologique, puisque l'on considère aujourd'hui, pour des raisons très pragmatiques, qu'il est bon qu'une variété transgénique soit l'objet d'une double protection. Protection de la variété d'une part, protection de l'invention biotechnologique qui a été intégrée à cette variété d'autre part. J'étais récemment à la Haye et à Munich, pour participer à ces débats dans le cadre de l'Office Européen des Brevets. Véritable enjeu de ces arguties juridiques, c'est bien au "brevetage" d'un très grand nombre de variétés végétales que l'on est en train d'assister, et donc à une véritable remise en cause du système.

Pour les animaux, il n'y a pas de définition officielle de variétés, de races. Les éleveurs connaissent très bien l'extraordinaire flou qui en résulte. Cette situation est idéale pour les sociétés de biotechnologie : elle leur permet de breveter des animaux avec pour seule justification d'y avoir introduit un gène nouveau. En pratique, il s'agit d'une appropriation indirecte, puisque le brevet déposé ne concerne pas seulement le transgène et ce qu'il permet de faire en plus, mais bien le lignage animal qui est obtenu par l'intégration du transgène. Je crois que ce phénomène est intéressant à analyser, parce qu'on n'a pas vraiment besoin d'une telle protection biotechnologique. Ce qu'il faut c'est protéger l'utilisation d'une invention biotechnologique intégrée à un animal, et personne de sérieux ne remet en cause le fait qu'une société qui découvre un gène susceptible par exemple d'augmenter la qualité ou la quantité de la production laitière, doit pouvoir protéger son invention et en tirer profit. Pourquoi faut-il en revanche que le lignage d'une vache dans laquelle on a intégré ce transgène soit lui-même breveté, ce qui donne concrètement pour vingt ans - c'est le régime juridique des brevets - un droit d'utilisation exclusive sur la totalité des 100 000 gènes de la vache ?

Ceci n'est ni justifié ni véritablement nécessaire en termes de protection industrielle. Pourtant c'est bien à l'heure actuelle, cette lecture que nos sociétés, sous la pression des offices européen et américain des brevets, font de la nécessaire protection des inventions biotechnologiques. C'est très révélateur, me semble-t-il, du poids de l'idéologie dominante dans le monde occidental : l'idéologie anglo-saxonne, utilitariste et pragmatique. Au regard de la définition d'un objet brevetable, il est pourtant clair qu'une vache transgénique n'est pas un objet brevetable. Le gène oui, avec ce qu'il peut faire, est un objet brevetable. La vache, non. Mais peu importe, la conception qui préside est utilitariste : est-il commode, est-il avantageux que cela devienne un objet brevetable ? Dans l'affirmative, tous les moyens intellectuels sont bons pour y parvenir, au prix d'un glissement progressif des valeurs, voire même de la signification de la définition des choses, dans l'unique objectif de soumettre le vivant à l'exigence de sa transformation en marchandise banale. Il y a là, pour le moins, un phénomène culturel qui mérite toute notre attention.

Conclusion
Une quadruple responsabilité

Je voudrais, pour conclure ce propos, prendre du recul et me placer à un niveau de réflexion plus général. Nous nous sommes dotés d'un ensemble de connaissances et d'outils d'une puissance tout à fait extraordinaire. Et une grande question surgit, qui semble n'avoir guère agité nos prédecesseurs jusqu'au début de ce siècle : dans quelle mesure ce progrès des connaissances et des techniques sera-t-il un progrès pour l'homme ? Avec la foi du charbonnier, personne ne se posait véritablement la question. Le progrès des connaissances, dans la grande mouvance de l'esprit des Lumières, ne pouvait être qu'un progrès de l'homme. Mais aujourd'hui on sait que le progrès des connaissances et des techniques ne constitue pas nécessairement un progrès pour l'homme. Pour qu'il le soit, nos sociétés doivent se donner les moyens de la maîtrise des outils qu'elles ont ainsi créés, maîtrise d'autant plus indispensable que l'ampleur des enjeux économiques liés au développement de ces outils risque de peser incomparablement plus lourd que la volonté initiale de leurs créateurs.

Telle est la situation dans laquelle nous nous trouvons, qui place le scientifique face à une quadruple responsabilité.

Premièrement, la responsabilité de la qualité de ce qu'il fait en tant que scientifique.

Deuxièment, un devoir de vigilance, compte tenu de l'importance que prennent souvent ses découvertes pour la société, particulièrement dans le domaine des biotechnologies et de la génétique. Les chercheurs doivent être capables de repérer rapidement ce que pourraient être les conséquences néfastes pour la société des outils issus de leurs travaux.

Troisième exigence, complémentaire : la responsabilité. Un scientifique ne peut pas, aujourd'hui, se désintéresser de ce que pourraient être les utilisations des outils créés grâce à la connaissance qu'il a produite. Cette responsabilité l'amènera à faire un peu plus qu'informer des risques liés à certaines de ces utilisations.

La dernière responsabilité, qui est tout à fait importante, mais n'est pas propre aux scientifiques, est tout simplement, si j'ose dire, celle du citoyen. Car la mise en oeuvre des mécanismes de contrôle capables d'éviter tout dérapage dans l'utilisation de ce fantastique potentiel technique, n'est possible - non pas certain, mais possible - que dans le cadre d'une société démocratique. Et il faut nous souvenir que cela reste l'enjeu ultime.

Discussion

Question : *Je ne comprends pas comment il pourrait être possible de breveter un gène ou une séquence génique en tant que tels. Ces séquences sont le résultat d'une longue évolution de plusieurs millions d'années. Elles appartiennent à l'humanité tout entière, et je ne vois pas au nom de quoi un groupe quelconque pourrait prétendre se les approprier pour son unique usage. En revanche, il me semble concevable que les procédés utilisant des gènes ou les résultats issus de cette utilisation - y compris une lignée - puissent effectivement être juridiquement protégés.*

Axel Kahn : En matière de droit des brevets, le législateur a pratiquement adopté votre argumentation. Ainsi, le compromis négocié il y a un peu moins d'un an entre le Parlement européen et la Commission européenne - compromis qui par parenthèse vient d'être rejeté à Strasbourg - indiquait clairement que les gènes en tant que tels ne sont pas brevetables. Mais la situation n'en reste pas moins extrêmement ambiguë. Tout le monde est d'accord, les gènes en tant que tels ne sont pas brevetables. Ceci signifie, Monsieur, Madame, qu'un de vos gènes n'est pas brevetable, en tant que tel.

Qu'est-ce qui est brevetable ? Un clone qui contiendrait ce gène. Ce clone, d'une certaine manière, n'a jamais existé dans la nature auparavant. Quelqu'un l'a fabriqué. C'est donc un artefact au sens du droit des brevets et, comme tel, il est brevetable, dans la mesure où il est intégré à un procédé de diagnostic ou de fabrication. On se retrouve, en théorie du moins, dans une configuration relativement habituelle, et c'est pourquoi je vous disais que le droit des brevets repose donc formellement sur une argumentation proche de la vôtre.

La difficulté existe cependant, et elle est même considérable, parce que la pratique du droit des brevets fait que la séquence de ce gène devient dès lors protégée. A travers le brevet d'un clone contenant un gène utilisé dans la mise en oeuvre d'un procédé ou dans la fabrication d'un produit, c'est en fait la totalité de la connaissance de la séquence qui se trouve protégée. Quiconque, par synthèse chimique, isole et réutilise le gène pour faire un produit concurrent, enfreint le droit des brevets et s'expose à des poursuites judiciaires. Ceci se comprend aisément, car cette protection de la séquence apparaît indispensable du point de vue de l'économie et du développement industriel. En l'absence de cette protection, il n'y aurait en effet strictement aucune garantie, vu qu'il suffit de connaître la séquence de la forme allélique particulière d'un gène pour la reproduire en une demi-heure !

Notre pays défend néanmoins une position un peu différente, que j'ai moi-même été chargé par le gouvernement de présenter lors d'une discussion sur ce point avec les américains il y a quelque temps. La France essaye de faire valoir l'idée selon laquelle la protection devrait être limitée au procédé ou au produit initialement envisagé par le découvreur du gène. En d'autres termes, il serait souhaitable que la connaissance du gène reste parfaitement libre pour tout usage autre que celui prévu par le découvreur du gène dans ses revendications initiales. Ce n'est pas le cas actuellement : même si l'on envisage d'utiliser un gène pour faire quelque chose de biologiquement sans rapport avec ce pour quoi il a été initialement isolé, le deuxième brevet dépend aujourd'hui du premier, par une sorte de droit de dépendance en cascade. Cette question n'est cependant pas définitivement tranchée, et des discussions se poursuivent à ce sujet entre les différentes autorités au sein des trois grands offices qui délivrent des brevets, c'est-à-dire les offices du brevet européen, du brevet américain et du brevet japonais.

Question : *Vous avez rattaché le principe de précaution au droit fondamental à la sécurité et finalement au respect dû à la dignité de la personne humaine. Mais la mise en oeuvre de ce principe de précaution en matière d'environnement n'est-elle pas pratiquement entravée par la pression économique,* *par les difficultés de l'évaluation, enfin par le manque de moyens financiers et humains ?*

Axel Kahn : Il est certain que le principe de sécurité peut être entravé par la pression économique. Ceci dit, il est important de définir soigneusement le contenu de ce principe et cela ne va pas de soi. C'est une notion tout à fait intéressante, mais qu'il convient de manier avec prudence. La recherche d'une sécurité absolue, d'une certaine manière, conduirait à empêcher que l'on s'engage dans toute voie dont l'une des issues possibles, fût-elle extrêmement improbable, pourrait s'avérer porteuse de risque. Généralisé, ce principe-là deviendrait un facteur de stagnation absolument insupportable.

Derrière tout choix, il y a en effet un pari, un risque, qui peut être considéré comme le prix de la liberté. Dans tous vos engagements, partout dans votre vie, lorsque vous faites un choix professionnel, un choix pour vos enfants, un choix de vacances, que sais-je, vous composez avec un certain risque. Tout le problème - mais c'est un problème considérable - c'est l'adéquation entre le risque pris et le but poursuivi, ce qui renvoie à l'appréciation du risque et à la question plus difficile encore de la justification de la prise de risque. Je plaide donc pour une approche réaliste du principe de précaution, dans un souci d'efficacité, et je mets en garde contre une interprétation maximaliste qui serait en réalité terriblement réactionnaire et - telle est du moins ma conviction personnelle - contraire à l'objectif de sécurité qui est poursuivi.

Question : *Comment ce principe de précaution se traduit-il concrètement face à la nécessité où nous sommes tous de gérer l'imprévisible ?*

Axel Kahn : Je vous l'ai dit, l'une des dimensions de ce dilemme consiste pour le généticien à respecter la flexibilité du vivant pour ménager sa capacité à s'adapter à des situations qui ne sont ni prévues ni prévisibles dès maintenant, notamment en matière d'environnement.

Ce point est essentiel. L'esprit de responsabilité doit intégrer l'insuffisance des connaissances et l'indécidabilité des conditions écologiques qui seront celles des générations futures. C'est d'ailleurs l'un des principaux arguments en faveur de la protection de la biodiversité dans le monde et, pour ce qui concerne les lignages humains, un argument supplémentaire pour s'opposer au fantasme de la création d'un être humain mieux adapté à nos conditions de vie. Puisque cette "adaptation" serait transmise aux générations futures, alors que personne ne sait ce que seront les conditions de vie dans un siècle ou dans deux siècles, il y a là un pari que rien ne peut justifier. Je crois que la prise en compte de cette indécidabilité-là, et par conséquent le maintien d'une réserve aussi large que possible de solutions potentielles face à un avenir que l'on ne peut pas connaître, sont constitutifs d'une attitude responsable et conforme au principe de précaution.

Question : *La participation croissante des entreprises privées au financement de la recherche en France ne risque-t-elle pas d'accentuer les dérives d'utilisation du génie génétique à des fins de domination économique ?*

Axel Kahn : La réponse est presque contenue dans la forme de la question, puisque vous parlez de dérive et de domination ! Tout ce que je peux dire, c'est que ce risque n'est ni nouveau, ni spécifique. Mais il est nouveau en matière de génétique. Jusqu'à récemment, la génétique n'intéressait guère les marchands, les industriels. Et voici qu'elle débouche sur des produits, sur un ensemble de procédés éminemment intéressants au point de vue économique, et qu'elle engendre le développement d'un marché déja très porteur, et plus prometteur encore, même si l'on en mesure mal l'extension future.

Remarquez que d'autres domaines de la recherche connaissent cette situation depuis bien longtemps. Nos collègues chimistes qui travaillent sur les matériaux, sur leur fabrication, sur la synthèse organique, etc., sont confrontés depuis très longtemps à la nécessité de trouver leur chemin entre la recherche cognitive et la gestion des applications de cette recherche cognitive. Il n'est évidemment pas immoral que les produits de la recherche soient utilisés dans le tissu économique : n'est-ce pas la justification même de la recherche que le progrès scientifique participe au progrès des techniques ? Par ailleurs, la génétique n'est pas en charge de l'organisation du fonctionnement de notre société, ni responsable de ses éventuels dysfonctionnements. C'est donc au citoyen et non au chercheur qu'il revient d'exercer son contrôle sur les effets de domination que vous évoquez. Ceci ne dispense évidemment pas le chercheur de ses responsabilités propres face à ce débat.

Mais revenons à la génétique : ce qui est nouveau, donc, c'est le regard que portent sur elle les opérateurs économiques, et donc les politiques. Il est indéniable que ces nouveaux enjeux ont radicalement modifié le contexte scientifique et humain dans lequel nous réalisons nos travaux, nous généticiens. Notre situation se trouve en quelque sorte banalisée par rapport à celle d'autres secteurs de la recherche et, globalement, c'est sans aucun doute moins confortable pour nous. D'autant moins qu'à partir du moment où certaines des applications de cette recherche touchent directement à l'identité de l'homme, s'ajoutent les questions éthiques que j'ai évoquées, qui ne contribuent pas à nous faciliter la vie. Celà dit, il serait absurde de prétendre que toutes les conséquences de cette évolution sont négatives pour la recherche en génétique et pour les chercheurs du domaine : tel n'est évidemment pas le cas.

Question : *Je crains personnellement que le contexte de compétition économique exacerbé dans lequel nous vivons n'amène les chercheurs à négliger les problèmes éthiques et à sous-estimer leur responsabilité. Deux exemples simples : la course aux contrats à laquelle les chercheurs doivent se livrer pour financer leurs recherches et la course à la publication imposée aux jeunes chercheurs qui veulent entrer à l'INRA ou à l'INSERM leur laissent peu de temps pour pouvoir réfléchir aux problèmes éthiques. Un climat de compétitivité exacerbé* *règne bien sûr dans l'ensemble de la société, et la recherche publique est peut-être encore à cet égard dans une moins mauvaise situation que d'autres secteurs, mais ce contexte n'est cependant pas favorable à la prise en compte de ces responsabilités et à la réflexion éthique. Car les jurys de concours ou les comités de sélection des appels d'offres n'iront pas voir si les chercheurs se posent des questions éthiques. Ils regarderont s'il y a un marché, s'il y a des publications à valorisation internationale !*

Axel Kahn : Je ne puis que vous donner raison lorsque vous mettez en cause, par exemple, certaines procédures d'évaluation de la recherche. D'un autre côté, le fait même que de nombreux chercheurs expriment comme vous des positions critiques à ce sujet me paraît très positif, car de nature à faire évoluer les choses. Essayons de prendre du recul, et regardons derrière nous le chemin accompli. Il est clair que l'évolution ne se fait pas uniquement dans le mauvais sens. Si l'on observe, par exemple, la manière dont s'est édifiée la pratique médicale - mais c'est également vrai pour la sélection animale ou végétale - on constate que l'interrogation éthique ne fait que gagner du terrain.

C'est vers la fin du XVIIIe siècle que la fonction des hôpitaux dans l'enseignement de la médecine et la formation pratique des futurs médecins a été clairement reconnue. On peut aujourd'hui considérer que les malades qui y étaient soignés - essentiellement des indigents, dans la tradition des hôtels-Dieu hérités du Moyen-Age - l'étaient sans aucun respect de la dignité des personnes, en particulier lorsqu'il s'agissait de former les étudiants en médecine. La manière dont la clinique est née et s'est développée dans le monde entier serait considérée aujourd'hui comme scandaleuse et absolument inacceptable, ce qui montre bien qu'un progrès est intervenu dans nos critères d'évaluation.

Il y a trente ans, en France, les malades n'étaient pas informés sur la nature réelle des traitements que les médecins leur faisaient subir. Ils n'étaient pas consultés sur le choix de ces traitements, de quelque nature qu'ils fussent. La notion de "consentement informé" du patient, qui est aujourd'hui au coeur de l'exercice de la médecine, est une notion complètement nouvelle. C'est un principe de portée générale dont l'application est renforcée dans certains cas. Ainsi, nulle personne ne peut être intégrée à une expérimentation médicale ou pharmacologique sans que son consentement informé ou celui de ses ayants-droit ait été recueilli au préalable dans des formes précises. De même, le problème du respect de la biodiversité dans votre domaine est une question complètement nouvelle : il y a quarante ans, nul ne se posait le problème de la biodiversité.

D'accord avec vous pour dire que la pression économique ou la sélection académique poussent à éclipser ces interrogations fondamentales, je ne puis en même temps que constater la modernité et l'actualité croissante du questionnement sur ce que j'appelle une éthique de la responsabilité. De quel côté va pencher la balance ? Ma réponse, c'est que cela dépendra essentiellement de nous tous.

Quoi qu'il en soit, je ne crois pas que l'on puisse dire pour l'instant que les choses aillent s'aggravant. Et c'est heureux, parce que la puissance des outils créés, et donc leur nuisance potentielle, augmente rapidement et exige une lucidité plus importante. En réponse, si je puis dire, la popularité du questionnement éthique s'accroît dans tous les milieux, vous pouvez le constater dans le domaine agronomique comme je le constate dans le domaine médical. Et ceci, je le répète, c'est un phénomène très nouveau. En tant que scientifique comme en tant que citoyen, j'ai donc toutes les raisons - j'ai donc le devoir - d'être vigilant, mais je n'ai pas de raisons d'être particulièrement pessimiste à l'heure actuelle.

Question : *Comment voyez-vous les lieux du débat dans lequel les citoyens pourraient être amenés à s'informer, réfléchir, s'exprimer sur les applications du génie génétique ? L'information du public ou du citoyen vous semble-t-elle* *suffisante ? Comment développer la capacité de jugement moral chez le citoyen face aux questions que vous évoquez ?*

Axel Kahn : Vous soulevez des problèmes d'une difficulté tout à fait considérable. Un premier élément de réponse, c'est que l'information du citoyen n'est possible qu'à partir du moment où il se tient prêt à être informé. Vous ne parviendrez pas à informer les gens qui ne demandent pas à l'être, voire peut-être qui ne souhaitent pas l'être. L'exercice médical aide à comprendre que la liberté des gens comprend aussi la liberté de refuser l'information. Certaines des questions qui vont me sembler de la plus haute importance ne vont pas soulever le moindre intérêt chez mon voisin, dont je dois *a priori* respecter jusqu'à ce désintérêt. Il n'empêche que sur beaucoup des sujets dont nous parlons aujourd'hui, des décisions doivent régulièrement être prises, qui s'imposent ensuite à tous. Dans un système démocratique, ceci suppose que le citoyen se prononce sur ces questions et donc qu'il soit informé sur leurs implications scientifiques, techniques, sociales, économiques, etc. Comment concilier cette exigence d'information, condition *sine qua non* de l'exercice du jeu démocratique et la liberté qu'ont les gens d'être ou de ne pas être informés ? Lorque vous allumez votre téléviseur, vous voulez parfois vous détendre, regarder un bon film. Vous ne souhaitez pas que l'on vous informe à longueur de temps. Il serait d'ailleurs impossible d'amener tous les citoyens à un niveau d'information efficace sur l'ensemble des questions qui se posent à nos nations modernes.

Ce problème est pratiquement résolu par le système de la démocratie délégative. C'est-à-dire que le citoyen a le pouvoir de déléguer à des associations, des groupes, des élus, le droit de décider pour lui, de prendre position en son nom, notamment sur des questions que lui-même, citoyen, considère ne pas pouvoir connaître, ou bien auxquelles il ne s'intéresse pas directement. Si bien que la réponse à votre question comporte deux niveaux.

Tout d'abord, quels peuvent être les lieux du débat direct entre citoyens ? Parler de débat, c'est dire qu'il s'agit de discuter entre personnes qui, ayant eu la possibilité d'être informées, se déclarent intéressées par le débat en question. Ce débat peut, je crois, prendre des formes très variées. Notre discussion d'aujourd'hui en est un exemple. Ce type de réunion fonctionne à mon avis très bien. Dans la plupart des cas, elles sont alimentées par les grands moyens d'information - plus souvent et plus efficacement par la presse écrite que par la télévision ou la radio à l'heure actuelle - qui sensibilisent certains publics et amènent à organiser des débats qui permettent une information beaucoup plus approfondie. Ce système, souvent relayé par le tissu associatif qui joue là un rôle irremplaçable, m'apparaît relativement efficace. Je vais souvent en province, y compris dans de petites villes, et je me rappelle par exemple avoir donné une conférence sur un thème proche de celui qui nous occupe aujourd'hui à Lons-le-Saunier devant cinq cents personnes. Que cinq cents habitants de Lons-le-Saunier se sentent suffisamment concernés par ces questions d'éthique pour se déranger et venir participer à une réunion publique, c'est tout de même quelque chose ! Je puise personnellement dans de telles constatations des motifs de ne pas céder au pessimisme que nous évoquions tout à l'heure, et de poursuivre mon engagement en ce sens.

En ce qui concerne le rôle des grands médias, et en particulier de la télévision, je constate comme bien des observateurs que les critères qui président actuellement au choix des émissions sont malheureusement de moins en moins compatibles avec les exigences d'une information scientifique, sauf exception. Quant aux possibilités d'un véritable débat scientifique, elles ont été considérablement perverties depuis quelque temps. La tendance est à remplacer le débat par la mise en scène de la polémique, considérée comme un spectacle en soi. Que l'on m'entende bien : le débat contradictoire est absolument nécessaire, et il peut déboucher sur une polémique. Mais le fait que l'objectif du débat ne soit plus d'apporter au spectateur une information aussi complète et équilibrée que possible, mais de mettre en scène la dispute, quelle qu'en soit l'origine, représente à l'évidence une profonde perversion du concept même de débat.

Le deuxième niveau, c'est celui du débat qui se déroule dans le cadre de la démocratie délégative, et met en jeu les délégués que les citoyens ont désignés pour se prononcer en leur nom sur certaines questions d'ordre technique. Il est important que les chercheurs puissent intervenir dans ce débat pour éclairer les députés, les sénateurs, toutes les personnes qui sont appelées à prendre des décisions au nom de la Nation. Il est important aussi que les formes de cette intervention d'experts soient rigoureusement définies, mais c'est là un autre sujet.

Question : *Vous n'avez pas évoqué directement les commissions d'éthique. Quelle est votre opinion sur leur fonction et sur leur légitimité en tant qu'autorités morales ?*

Axel Kahn : Les comités et les commissions d'éthique qui se sont multipliés au cours des dernières années jouent effectivement un rôle croissant. Il y a un an ou deux, j'ai "planché" un peu comme un étudiant sur une dissertation philosophique, devant un groupe hétérodoxe réuni à l'initiative conjointe de l'hebdomadaire *La Vie Catholique* et de la Ligue de l'Enseignement. La question que j'avais à traiter était la suivante : "Y a-t-il une autorité en morale ?". Ce sujet renvoie à votre question.

Y a-t-il une autorité en morale ? En résumé, ma réponse était négative. Non, il n'existe pas d'autorité en morale ou en éthique. Il n'y a pas de grand-prêtre de l'éthique, qui aurait le rôle de dire le bien et le mal. Il existe en revanche la possibilité que des personnes qualifiées mettent leurs compétences au service de la collectivité en consacrant une partie de leur temps à instruire le débat sur les questions d'ordre éthique qui se posent dans tel domaine. Il s'agit de préparer la discussion, d'éclairer la décision publique en faisant ressortir les différentes dimensions éthiques et techniques d'un problème posé, par exemple, par l'apparition d'une nouvelle technique biologique, et sur lequel la puissance publique doit se prononcer. Telle est la conception qui a été à l'origine de la création des comités d'éthique.

Un comité d'éthique qui fonctionne correctement est donc un groupe d'experts qui a pour fonction de préparer et d'alimenter le débat public. Considérer l'avis d'un comité d'éthique comme une décision, voire comme un ukase ("le Comité d'éthique a interdit de", "il a permis de") serait un contresens absolu. Le comité d'éthique émet des avis, il ne prend pas des décisions. Ses avis résultent du travail des experts qui le composent, lesquels se sont penchés en honnêtes gens sur le problème posé, en ont fait une analyse approfondie, en ont longuement discuté. Un point essentiel est que tout comité d'éthique doit nécessairement motiver ses avis, expliciter comment et pourquoi il est parvenu à telle conclusion et non à telle autre : "Tel problème nous a été posé, nous avons abordé cette question par tel cheminement intellectuel. Parce qu'au sein du comité se trouvent des représentants des principales religions du pays, de la pensée marxiste, des différentes sensibilités politiques, des biologistes, des juristes, nous sommes partis de présupposés complètement différents, mais pour finir, il nous semble raisonnable d'émettre tel avis".

Dans tous les cas, cet avis est consultatif. C'est dire que l'autorité qui a consulté le comité et qui est chargée de prendre la décision n'est pas tenue de le suivre. L'avis du comité est proposé au débat. Aux politiques, aux citoyens de s'en saisir, d'analyser l'argumentaire, de retravailler le problème et de se forger leur propre opinion.

Si le comité d'éthique joue bien ce rôle, je crois qu'il fait oeuvre utile. C'est un rôle intellectuel tout à fait éminent. Mais le comité ne doit pas être considéré comme une autorité chargée de rendre des arbitrages, pas même comme un Comité des Sages, au risque de confisquer le débat public, qui est l'un des fondements de la démocratie.

Question : *Dans le domaine de la médecine prédictive, peut-on aller jusqu'à dire, qu'il y a un droit du malade potentiel, ou du futur malade à ne pas savoir ?*

Axel Kahn : Je vous disais tout à l'heure que l'exercice de la liberté comprend la liberté de ne pas vouloir être informé. Votre question en donne un exemple très illustratif. Dans le domaine médical, le droit de ne pas savoir est en effet un droit tout à fait important, sur lequel le Comité Consultatif National d'Ethique a attiré l'attention du législateur et qui est désormais rappelé dans la loi. Nul ne peut être obligé à savoir.

Un exemple très banal est celui des femmes enceintes qui se soumettent à un examen échographique. Certaines souhaitent connaître le sexe de l'enfant qu'elles portent, d'autres préfèrent ne le découvrir qu'à la naissance. Dans un cas comme dans l'autre, il va de soi que le médecin doit respecter leur volonté. Mais il peut s'agir d'informations d'une nature beaucoup plus lourde, comme c'est souvent le cas en médecine prédictive. Je peux ainsi préférer ne pas apprendre que suis génétiquement prédisposé à telle ou telle affection. C'est une manière possible et parfaitement légitime d'exercer ma liberté, par exemple parce que je puis avoir conscience de n'avoir pas les moyens psychologiques d'assumer la découverte d'un destin biologique de nature éventuellement très sombre, ou parce que j'estime inutile d'en être averti à l'avance.

Le droit de savoir et celui de ne pas savoir sont donc indissociables.

Question : *Ma question a également trait à l'information, mais elle concerne le consommateur et la sécurité alimentaire. Celui-ci est informé en termes généraux du débat relatif aux risques réels ou supposés qui découleraient de l'utilisation du génie génétique dans le domaine de la production d'aliments d'origine végétale ou animale. Mais en pratique on ne lui fournit pas l'information de base sur la nature des produits qui entrent dans son alimentation quotidienne. Quelle est notre responsabilité vis-à-vis de cette question ?*

Axel Kahn : Je vous renvoie aux discussions de la Commission du génie biomoléculaire sur l'information du consommateur. La ligne directrice qui est ressortie de ces débats est la suivante : il n'y a aucune raison que le consommateur ne soit pas clairement informé sur ce qu'il consomme. Mais l'application de ce principe général pose concrètement le problème de savoir sur quoi doit porter cette information à laquelle le consommateur a droit. Autrement dit, quelle est la nature de l'information que le fabricant doit obligatoirement porter à sa connaissance ? Ou bien l'on informe sur tout, ce qui n'est ni réaliste ni probablement efficace (trop d'information tue l'information), ou bien l'on informe sur ce qui est considéré comme important, comme significatif. Le fait d'informer n'est pas neutre en soi : décider que l'utilisation d'une technique donnée doit obligatoirement être mentionnée sur le produit, c'est d'une certaine manière attirer l'attention sur cette technique, la désigner comme porteuse d'un risque particulier. Une telle décision, parce qu'elle peut être lourde de conséquences, doit être solidement motivée. Autrement dit, il faut avoir de bonnes raisons de considérer qu'effectivement l'information concernant l'usage de la technique en question est importante et significative pour le consommateur. La question ne serait simple que s'il s'agissait de techniques incontestablement dangereuses ou perverses, mais il va de soi que de telles techniques doivent être totalement proscrites dans le champ de l'alimentation. On est donc dans le champ des techniques sur lesquelles tout le monde n'est pas d'accord.

Le problème s'est posé à propos des applications du génie génétique. La Commission du génie biomoléculaire, qui en a été saisie, a rendu un avis défavorable à ce que, parmi toutes les opérations que l'on peut faire subir à un végétal dans le but d'améliorer ses qualités, on distingue celles qui utilisent des procédés de génie génétique, en signalant de manière systématique et obligatoire sur le produit final que son obtention a mis en jeu le génie génétique. Pourquoi le ferait-on ? La Commission a estimé qu'il n'y avait aucune raison pour considérer le génie génétique comme une technique générique intrinsèquement perverse, mettant en danger la sécurité du consommateur. Elle en a conclu que l'information sur l'éventuelle utilisation du génie génétique n'était pas significative pour le consommateur et qu'il ne lui apparaissait donc pas justifié de la rendre obligatoire.

Si l'utilisation d'une technique donnée entraîne la moindre modification qualitative du produit, la position de principe est que cette utilisation donne lieu à une information circonstanciée. *A contrario*, il n'y a pas de raison de stigmatiser un ensemble de procédés donné, dès lors qu'il aboutit à des produits qualitativement identiques à des produits obtenus par un autre procédé.

Reste un autre type d'argument, reposant non plus sur les caractéristiques intrinsèques du produit, mais sur les convictions religieuses ou philosophiques des personnes. Si un ensemble suffisant de personnes considèrent une technique comme directement contraire à leurs convictions ou à leur croyance, alors la mention de l'utilisation de cette technique devient significative à leurs yeux et peut donc mériter d'être apposée sur le produit. Par exemple, les convictions philosophiques de certains consommateurs les amènent à refuser de consommer des produits animaux ou d'origine animale. Or la trangénèse permet aujourd'hui de transférer à un végétal des gènes animaux, et l'interdit alimentaire est alors reporté sur le végétal transgénique. Il paraît donc souhaitable que cette information soit donnée, puisqu'aussi bien cela pourrait heurter les convictions intimes de groupes importants de consommateurs. Et de fait, un consensus se dessine en faveur de la mention indiquant qu'un végétal comporte des gènes animaux.

Question : *Les techniques du génie génétique sont-elles donc des techniques parmi d'autres, ou des techniques à part ? En quoi peut-on considérer par exemple que l'avènement des biotechnologies dans le champ de l'amélioration des plantes marque une rupture qualitative par rapport aux autres techniques utilisées ?*

Axel Kahn : Je pense que le génie génétique constitue effectivement un saut qualitatif, y compris lorsqu'il est appliqué à l'amélioration végétale. Pourquoi ? Parce que cette technique ne se met pas simplement au service des objectifs antérieurs du domaine : elle modifie si profondément les perspectives qu'elle transforme ces objectifs eux-mêmes. On envisage aujourd'hui de "fabriquer" des plantes capables de produire de l'insuline, de l'interleukine, de l'alpha-antitrypsine, telle protéine animale ou telle protéine bactérienne. Jamais de telles possibilités n'avaient auparavant été envisagées par les spécialistes de l'amélioration des plantes. Cela amène, pour la première fois, à considérer les plantes autrement que comme des produits en tant que tels, transformés pour leur substance propre, mais comme des usines biotechnologiques programmées pour fabriquer des substances diverses, par exemple des médicaments d'origine animale ou humaine. C'est pourquoi je crois effectivement que le génie génétique représente un saut qualitatif, même si pour certaines de ses utilisations en amélioration variétale, il ne s'agit que d'un procédé de plus offert au sélectionneur. En effet, le génie génétique est susceptible de bien d'autres utilisations, dont on est d'ailleurs probablement loin de mesurer aujourd'hui toutes les conséquences.

Question : *Au-delà de ce que vous appelez la quadruple responsabilité du scientifique, quelle est selon vous la responsabilité d'un organisme comme l'INRA en ce qui concerne le développement d'une politique scientifique respectueuse de cette recherche citoyenne que vous avez évoquée ?*

Axel Kahn : Il me semble que l'INRA est un lieu privilégié pour aborder ce type de problème, car ses chercheurs ont plus que d'autres à connaître de beaucoup des problèmes que nous évoquons aujourd'hui, par exemple, le respect de la vie animale et l'évitement de la souffrance animale. Ils sont directement confrontés à la question de la légitimité de l'utilisation d'un animal non simplement pour nourrir les humains mais éventuellement pour remplacer leurs organes. Ils sont en charge - et c'est tout à fait important - de responsabilités vis-à-vis de cette personne humaine d'une nature particulière, celle qui n'existe pas encore mais qui existera dans les temps futurs. Ils sont parmi les plus concernés par les corollaires du principe de précaution en matière d'environnement. Ils ont aussi des responsabilités particulières face à l'évolution contemporaine de l'un des corps sociaux qui contribue le plus à l'équilibre de nos sociétés industrialisées, celui des agriculteurs, etc.

Comment, dans ces conditions, l'INRA pourrait-il assumer ses missions sans se poser explicitement et collectivement les problèmes de sa responsabilité par rapport au consommateur, au citoyen, par rapport aux générations futures ? Ce dernier point me semble essentiel, car l'INRA travaille en réalité très directement sur l'environnement, sur ces "ressources renouvelables" qui prennent une importance croissante pour l'humanité. Rien ne mérite davantage le nom de "bien commun" que l'environnement. Les plantes qui pousseront demain, les animaux qui nous entoureront, les paysages dans lesquels nous vivrons, tout cela appartient à la totalité des individus, qui ont collectivement droit à un environnement au sein duquel ils se trouvent bien.

Ce type de débat doit donc nécessairement trouver place au sein d'un organisme comme l'INRA. Comment y parvenir, c'est une autre question, à laquelle je me garderai de répondre à votre place ! Je vous ai indiqué quelques pistes, qui bien entendu ne sont pas les seules possibles. Il est clair que des débats comme celui-ci sont l'un des moyens pour lancer ou relancer la discussion. Par ailleurs, l'introduction d'une information sur ces problèmes de responsablité et d'éthique dans la formation initiale et dans la formation continue des chercheurs me semble également très souhaitable.

Question : *Comment et dans quels lieux pourrait concrètement être prise en charge cette fonction de formation à la responsabilité, et plus spécialement celle des chercheurs et futurs chercheurs ? Quelles personnes pourraient en être chargées ?*

Axel Kahn : Pour ce qui est de la formation à l'éthique, mon sentiment, celui du Comité d'éthique français et de la plupart des personnes qui se sont penchées sur le problème en France, est qu'il faut éviter le développement d'éthiciens professionnels, comme il en existe par exemple aux Etats-Unis. Les Australiens dont je vous ai parlé à propos des xénogreffes sont des professionnels qui s'inscrivent complètement dans la mouvance de la philosophie utilitariste. Ces éthiciens ont en quelque sorte le rôle de rendre les choses plus acceptables en fabriquant à la demande des argumentaires dans le champ de l'éthique, d'adoucir éthiquement les angles, si je puis dire, de justifier sur le plan moral - en général *a posteriori* - des pratiques que l'économie impose pour des raisons qui n'ont rien à voir avec l'éthique. Ma présentation est volontairement partiale et provocatrice. Elle n'est cependant pas éloignée de la réalité : telle est à peu près la fonction des nombreux éthiciens professionnels ou des cabinets spécialisés dont beaucoup de grands groupes industriels se sont attaché les services.

Cela dit, il me semble très important que les enseignants soient en mesure, lorsqu'ils abordent certains problèmes techniques, de lancer au cas par cas, à partir d'exemples concrets, la discussion sur leur signification individuelle et sociale ou sur la responsabilité liée à l'utilisation de telle ou telle technique dans le présent et dans l'avenir. C'est particulièrement indispensable dans le domaine médical, où cela se fait d'ailleurs de plus en plus, mais ça l'est aussi dans beaucoup d'autres domaines scientifiques, et en particulier dans ceux qui intéressent l'INRA.

Des initiatives vraiment intéressantes vont dans ce sens. A la Faculté des Sciences de Paris VII, par exemple, une association d'étudiants, futurs chercheurs de l'INRA, du CNRS ou de l'INSERM, organise toute l'année des conférences consacrées à l'éthique. Ces conférences mensuelles réunissent régulièrement 3 à 400 personnes. De nombreux enseignants y participent. L'Université Paris VII vient même de créer une chaire d'éthique, non pas pour former des éthiciens professionnels, mais pour mettre en musique cette réflexion et cette activité. C'est une initiative que je salue, car je crois que les enseignants auront de plus en plus besoin de trouver les formes convenables pour lancer une interrogation éthique sur la signification sociale des techniques et sur la responsabilité. Ce thème est donc appelé à faire partie de l'enseignement moderne.

Question : *Votre plaidoyer pour l'introduction de l'éthique dans l'enseignement est parfaitement argumenté. Mais n'est-il pas en contradiction avec votre position hostile à l'émergence d'éthiciens professionnels ? La création de chaires d'éthique, par exemple, ne va-t-elle pas dans le sens de la création d'une discipline nouvelle, et donc d'éthiciens professionnels ?*

Axel Kahn : Non, je ne le pense pas. Les départements d'enseignement de l'éthique ou, pour mieux dire, de formation à la réflexion et à la démarche éthique, que j'appelle de mes voeux sont des entreprises pluridisciplinaires mobilisant des spécialistes de domaines établis et enseignés par ailleurs, biologistes, médecins, philosophes, sociologues, historiens, etc., ayant une sensibilité commune à la dimension éthique de leur discipline. Ces départements ont vocation à devenir des creusets de réflexion, de lieux de rencontre, mais il ne s'agit pas de la création *de novo* d'une nouvelle discipline.

Question : *La génétique ne prend-elle pas, dans les programmes de l'enseignement secondaire comme à l'université une place démesurée ? La situation est-elle différente à cet égard en France et aux* USA *? Ne risque-t-on pas d'aller vers une hégémonie préjudiciable à la fois à l'avancée de la recherche et au développement de la construction éthique qui doit en réguler les applications ?*

Axel Kahn : Il y a cinq ou dix ans, cette question du déséquilibre entre l'approche génétique et les autres sciences du vivant, du risque hégémonique, aurait été, me semble-t-il, plus légitimement posée qu'aujourd'hui. A cette époque, on avait en effet de bonnes raisons de se méfier à la fois de l'hégémonie exercée par la génétique moléculaire et de son caractère extrêmement réductionniste. Après tout, ce qui fait la beauté d'une fleur, ce sont ses pigments, son odeur, sa physiologie, son écologie... et la manière dont les gènes sont reliés à tout cela est très indirecte. Considérer qu'il fallait cesser d'étudier tous ces aspects de la fleur pour ne plus s'intéresser qu'à ses gènes, voilà qui était constitutif d'une approche dangereusement réductionniste, dont tous les chercheurs n'ont pas su se garder.

Mais regardez ce qui se passe dans les plus grands laboratoires de génétique, et vous verrez que l'outil génétique est aujourd'hui complètement réintroduit dans une approche physiologique. Les plantes transgéniques en sont un exemple. Les animaux transgéniques en sont un autre. A quoi sert la génétique aujourd'hui ? Les gènes et leurs mutations sont utilisés comme moyens de connaissance et comme moyens d'accès à des processus physiologiques. On les utilise aussi pour créer une diversité biologique qui va être étudiée en tant que telle. La plupart des grands laboratoires de génétique investissent actuellement dans la biochimie, dans la physiologie, dans la biologie des populations, pour observer les conséquences de telle ou telle modification génétique sur un mécanisme, sur un organisme entier, sur un équilibre de population... Rétrospectivement, on peut dire que l'époque du clonage pur et dur ne correspond qu'à un temps d'apprentissage dans l'évolution d'une équipe de génétique, que la logique pousse à revenir vers la globalité et la complexité des êtres vivants, c'est-à-dire vers des aspects physiologiques.

Il me semble que la génétique est effectivement revenue de sa tendance hégémonique pour s'imposer, dans la majorité des disciplines d'étude du vivant, comme un outil. Un outil, certes, mais un outil privilégié, un outil dont on ne peut guère se passer, et c'est en ce sens qu'elle pourrait aujourd'hui être considérée comme hégémonique ! Le risque que vous évoquiez me semble cependant beaucoup moins présent, parce que la génétique n'a pas conservé le statut d'une discipline organisée, comparable à celui d'autres disciplines. En d'autres termes, la génétique va puissamment aider à étudier les saveurs et les flaveurs, les populations, l'écosystème ou la sécrétion gastrique. Mais ce ne seront pas des généticiens qui utiliseront ces outils, ce seront des spécialistes de la sécrétion digestive, de l'écologie, des saveurs et des flaveurs. La génétique est en quelque sorte tombée dans le domaine public de la science !

Question : *Mais la génétique ne contribue-t-elle pas à produire des normes sociales, ce qui serait une façon d'exercer une certaine hégémonie ?*

Axel Kahn : Cette question est, d'une certaine manière, plus redoutable. Oui, malheureusement, il existe dans nos sociétés une tendance forte à vouloir fonder sur la génétique une classification normative, une nouvelle catégorisation des êtres humains, dont je vous ai parlé longuement. Et cette tendance est porteuse de tant de risques qu'il est nécessaire de la dénoncer sous toutes ses formes, y compris celui du mythe du génome, grand livre du vivant, qui serait l'essence et la réalité de l'être. Il est parfaitement clair que l'essence et la réalité d'une personne humaine procède d'une certaine manière de ses gènes. Mais en aucun cas cette personne ne peut être limitée à ses gènes, et par conséquent toute catégorisation des personnes qui ferait appel de manière exclusive ou même prioritaire à des critères génétiques doit absolument être combattue.

Question : *Désirer définir les contours de sa progéniture, n'est-ce pas pour l'homme une façon de traduire son inquiétude quant à sa propre capacité à humaniser ses enfants à travers l'éducation qu'il leur donne ? L'éthique peut-elle contribuer à développer cette responsabilité d'éducateur ?*

Axel Kahn : Oui je pense que ce désir de définir le contour de la progéniture correspond très clairement à une inquiétude qu'ont tous les parents. Inquiétude que leur enfant soit, entre guillemets, "capable de s'épanouir", donc qu'il ne soit pas affecté par une "a-normalité" qui nuirait à son épanouissement. Mais dépassons un peu cela. Ce qu'il y a de fantastique dans l'enfant que l'on va faire, comme dans l'enfant qu'on élève, c'est qu'il est imprévisible. C'est ce mystère qui déclenche l'émerveillement devant cet enfant que l'on aime tel qu'il est, pour ce qu'il est, et non parce qu'il ressemble à ce que l'on a voulu.

Le mythe de l'enfant parfaitement prévisible, parfaitement défini, qui aurait été commandé au "Magasin des enfants" - pour reprendre le titre d'un livre à succès sur la biologie - n'a évidemment guère de consistance sur le plan scientifique. Cependant, des techniques de plus en plus nombreuses sont susceptibles d'être utilisées dans ce sens. Permettez-moi de vous donner à ce sujet mon sentiment personnel : tout ce qui va dans le sens de la réduction de l'imprévisibilité amoindrit à mon avis la beauté et le caractère merveilleux de l'instant où cet enfant, dont on ne peut prévoir s'il sera garçon ou fille, blond ou brun, grand ou non, naît effectivement comme une personne à part entière, une personne qui est autre. C'est ça, un enfant qu'on aime.

La reconnaissance dans l'enfant qui va naître, non pas d'un projet-image de soi, mais d'une personne unique, imprévisible, irréductible à ses parents - alors même qu'il procède d'eux génétiquement et culturellement - fonde la relation très particulière qui unit un père ou une mère à son enfant. Sur le plan éthique, il est clair que cette reconnaissance se rattache très directement au respect dû à la dignité de la personne humaine, et je crois important que les futurs parents en aient conscience, ce qui renvoie à la responsabilité des éducateurs.

Alors, développer cette responsabilité d'éducateurs, oui, je crois que c'est essentiel. Le développement de la conscience des citoyens par rapport à leurs responsabilités commence à l'école et par conséquent elle commence par les enseignants, c'est évident. Beaucoup d'enseignants en sont tout à fait conscients. Les professeurs de géologie et biologie constituent par exemple un groupe professionnel très actif à cet égard. Tous les ans, de grands congrès réunissent jusqu'à 30% des professeurs, ce qui est considérable. Ils traitent de problèmes extrêmement complexes du type de ceux que nous avons évoqués, et sont curieusement bien plus demandeurs d'informations et d'avis sur ces sujets que la plupart des enseignants de philosophie !

Question : *Pensez-vous que l'INRA, dont les chercheurs passent leur temps à instrumentaliser le vivant, soit vraiment bien placé pour produire un discours éthique sur l'environnement ?*

Axel Kahn : Ecoutez, depuis la nuit des temps, depuis que l'homme est cultivateur ou éleveur, les animaux et les végétaux sont instrumentalisés. D'après le droit romain, il y a deux types d'entités dans l'univers : les choses et les gens. Les choses peuvent se posséder, se léguer, s'acheter ou se vendre, être consommées ou détruites. La totalité des végétaux et des animaux a toujours fait partie des choses : on les possède, on les vend, on en fait du pâté ou du boudin... Donc je ne vois pas que l'INRA instrumentalise davantage le vivant que l'humanité tout entière n'instrumentalise son environnement vivant depuis qu'elle a commencé d'être humanité.

L'instrumentalisation du vivant non humain, on a le droit d'être contre, mais il faut bien reconnaître que cela est inhérent aux sociétés humaines et que cela a été une condition du développement de toutes les civilisations connues ! Les éleveurs laitiers ont beau être attachés à leurs animaux, s'intéresser à ce que l'on pourrait appeler la personnalité de chacune de leurs vaches, ce qui les intéresse tout de même le plus, c'est qu'elles fassent beaucoup de lait. Alors, lorsque l'on poursuit l'objectif d'obtenir des vaches laitières qui font encore plus de lait, ou du meilleur lait, on reste dans la tradition des éleveurs-sélectionneurs qui, depuis bien longtemps, essayaient d'obtenir le même résultat, et je ne vois pas en quoi l'INRA serait moins bien placé que quiconque pour parler de ces problèmes. Je pense même exactement le contraire, comme je vous l'ai dit. Certes, l'INRA instrumentalise maintenant le vivant avec des procédés nouveaux, et je me suis expliqué sur les responsabilités qui en découlent, pour l'INRA comme pour tous les utilisateurs de ces techniques.

Question : *Pouvez-vous développer votre position sur la question du droit des animaux?*

Axel Kahn : C'est un objet très polémique. J'ai même failli me faire écharper lors d'une émission télévisée sur l'expérimentation animale et le droit des animaux. C'était dans l'émission animée par Christophe de Chavannes qui s'appelait *"Ciel, mon mardi !"*. Un mauvais lieu pour aborder de tels problèmes, je le reconnais ! La police a dû me protéger à la sortie !

Autre expérience personnelle : j'ai été, il n' y a pas très longtemps, le rapporteur d'une réunion de l'Académie des Sciences sur le brevet du vivant. Après mon rapport général, Jim Watson a fait une conférence tout à fait de son acabit, très provocatrice. Il faut savoir que Watson est tout à la fois un homme remarquable, un scientifique immense et un eugéniste convaincu. J'avais évoqué les droits de l'homme et Watson a repris la balle au bond en disant à peu près ceci :"J'ai entendu que l'on parlait ici des droits de l'homme, mais je ne vois pas pourquoi l'homme aurait des droits particuliers. Si l'homme a des droits, pourquoi la petite souris, le nématode et le poulet n'auraient-ils pas de droits ? Si l'homme a des droits, ce sont ceux liés à sa puissance. Vous savez, continue Jim Watson, je peux vous le dire ici - aux Etats-Unis je ne le dirais pas, sinon je me ferais écharper - si je devais appartenir à un groupe, ce serait celui des "sans-Dieu". Parce qu'en réalité, à l'heure actuelle, celui qui a le pouvoir et qui aura probablement demain le pouvoir de créer la vie, c'est-à-dire le pouvoir de Dieu, c'est l'homme. Donc le seul droit qu'a l'homme c'est effectivement d'assumer tous ses pouvoirs". Voilà le discours de Watson. Folklorique, mais intéressant.

A partir de là, et c'est pourquoi je cite cette anecdote, je me suis posé le problème des droits de l'homme et des droits des animaux en des termes un peu différents que ce qui était généralement fait, me semble-t-il. Ce qui fonde les droits de l'homme, c'est qu'il s'est posé le problème. Je veux dire qu'il n'est pas nécessaire de considérer que c'est parce que l'homme est créature divine qu'il a des droits. On peut considérer également qu'il les tient du fait qu'il est le seul être vivant qui ait eu les capacités de se poser le problème de ses droits et de ses devoirs, de les théoriser, de les écrire, de les discuter. Autant qu'on sache, aucune autre espèce animale ou végétale n'a eu la capacité de se poser ce problème. Cependant ce constat conduit à se poser la question des devoirs de l'homme vis-à-vis du reste du monde, car il n'y a pas de droits sans devoirs. Et il est parfaitement clair que, d'un point de vue éthique, l'homme discutant et se posant la question de ses droits ne peut pas ne pas se poser la question de ses devoirs, notamment envers les animaux.

L'homme a incontestablement un devoir important envers les animaux, et surtout envers les animaux domestiques : respecter leur vie en tant que telle, éviter autant que faire se peut de les faire souffrir, aller dans le sens de leur bien-être. Cela dit, la question n'est pas tant de savoir pour quelle raison il convient de respecter ces règles, que de savoir comment les faire respecter. Le débat sur l'existence de droits intrinsèques de l'animal ne me paraît donc pas essentiel. Le plus simple, le plus facile à admettre, c'est à mon avis de considérer, comme j'ai essayé de vous le dire, que c'est à travers le respect qu'il se doit à lui-même, et au nom des responsabilités que lui confère sa situation dominante dans le monde, que l'homme doit s'imposer des devoirs, en particulier vis-à-vis de l'animal. Mon analyse, pour résumer, c'est que l'animal n'a pas de droits à proprement parler, mais que l'homme a des devoirs vis-à-vis de l'animal.

Postface

Je remercie très vivement Axel Kahn pour cette contribution majeure à la réflexion des chercheurs de l'INRA en matière d'éthique. Sur ce terrain exigeant, sa mise au point nous fournit de solides repères, et je ne crois pas que nous oublierons de sitôt les exemples parfois saisissants qu'il a tirés du champ de la médecine pour illustrer son propos. Je profite de l'occasion qui m'est donnée pour exprimer le respect que m'inspire la rigueur avec laquelle il mène, depuis des années, ce combat magnifique et désintéressé, au nom de la dignité de l'Homme.

Sur l'éthique elle-même, je n'ai donc rien à rajouter. Mon interrogation - et c'est le sens de cette postface - porte sur la nature spécifique des problèmes auxquels nous sommes confrontés à l'INRA, et sur lesquels nous engageons individuellement et collectivement notre responsabilité. Ces problèmes ont souvent une dimension éthique, mais je dirai, surtout après avoir écouté Axel Kahn, que cette dimension est moins claire, moins immédiate que dans le champ médical, où le médecin se trouve directement et personnellement confronté avec la question du respect de la personne humaine.

Quels sont les facteurs de l'acceptation sociale des techniques ?

Les principes de l'éthique, tels qu'ils viennent de nous être rappelés, ont une portée universelle. Ils s'appliquent en particulier dans notre domaine de recherche. Ils doivent nous conduire à rejeter sans faiblesse toute technologie dont l'usage serait contraire à ces principes. Mais nous savons que les questions se posent rarement en des termes si nets, et que les techniques qui passent à travers ce crible ne peuvent être considérées pour autant comme socialement acceptables. Or, pour être réellement utiles, les techniques nouvelles que nous élaborons doivent trouver leur place dans des systèmes de production durables et être effectivement adoptées par notre société.

Les processus d'innovation ont en effet une portée plus grande que celle de nos laboratoires : ils s'étendent de la première phase de conception des techniques jusqu'à la création des conditions de leur adoption. Les premières générations de chercheurs de l'INRA le savaient bien, qui accompagnaient souvent eux-mêmes ces processus d'un bout à l'autre de cette chaîne. Par la suite, divers partenaires ont pris en charge une partie des tâches liées à la valorisation des résultats de l'INRA, ce qui a permis de désengager la plupart des chercheurs des problèmes de "l'aval", et nous a aidé à faire collectivement face au double défi de la complexification des problèmes et de la parcellisation des savoirs.

Rétrospectivement, il apparaît que ceci n'a été possible que dans un contexte où - pour des raisons que je ne développerai pas ici - l'acceptabilité des techniques que nous avons proposées était excellente, et presque acquise à l'avance. Nous savons tous qu'il n'en est plus de même aujourd'hui, et que l'évolution du contexte économique, social et culturel dans lequel s'inscrivent nos travaux fait de cette acceptabilité une question centrale. Ceci est particulièrement évident dans le domaine des biotechnologies, mais on se tromperait lourdement en s'imaginant que le problème s'y limite. Le secteur de l'élevage est concerné par exemple à travers les questions d'alimentation et de bien-être animal, et aucun modèle de production intensive n'est à l'écart de ce débat.

Cette réaction, qui traverse toutes les sociétés industrielles, a des aspects positifs, mais elle comporte aussi, l'actualité l'a amplement démontré, le risque de graves dérapages. L'amplification de cette évolution pourrait à terme avoir des conséquences très sérieuses, et il serait parfaitement irresponsable que nous nous en désintéressions, au motif que les opinions et attitudes sous-jacentes seraient "irrationnelles". Que serait une recherche qui prétendrait avoir raison contre la société ? L'évidence, c'est qu'après une longue période durant laquelle la science a été identifiée presque sans discussion au progrès, son image pose aujourd'hui problème, et ceci nous impose, à mes yeux, une responsabilité particulière, qui consiste à oeuvrer pour réconcilier la société avec la science... et peut-être aussi la science avec la société !

Cette difficile question des rapports entre science, technique et société prend pour l'INRA la forme plus spécifique des rapports entre l'Homme et la Nature ou plus exactement entre l'Homme et l'idée qu'il se fait de la Nature et de son rôle dans la Nature. Ces questions sont particulièrement sensibles, parce qu'elles sont au coeur même du débat. L'amplitude très considérable qu'ont pris en quelques décennies les controverses scientifiques, philosophiques, économiques, politiques sur l'environnement témoigne de la complexité de ces rapports et des difficultés que nous éprouvons à prendre position.

Comme l'a expliqué Axel Kahn, l'éthique nous conduit à adopter un principe général de précaution, qui doit guider nos décisions. Mais il faut bien constater que ce principe n'est pas facile à mettre en oeuvre. La seule chose vraiment claire, c'est que nous devons impérativement contribuer à le rendre plus opératoire[6] !

Il nous faut donc repenser l'évaluation des technologies, en nous efforçant de la conformer au principe de précaution et en y ajoutant une dimension nouvelle, qui est celle de leur acceptabilité socio-culturelle. A cet égard, je propose de distinguer clairement - même s'ils ne sont pas indépendants - différents points de vue, parmi lesquels celui de l'environnement, celui de l'utilisateur et celui du consommateur. Chacun de ces points de vue soulève un certain nombre de questions, et j'en donnerai quelques exemples à partir du cas des biotechnologies.

---

6 . Je salue ici l'initiative de l'Association *Natures, Sciences, Sociétés*, qui a consacré ses Journées scientifiques 1995 au sujet suivant *"Le principe de précaution dans la conduite des affaires humaines"*. Les actes de ces journées, préparés par O. Godard, seront prochainement publiés en co-édition par l'INRA et la Maison des Sciences de l'Homme.

L'impact environnemental des biotechnologies

Nous avons fait beaucoup de progrès en ce qui concerne l'évaluation des risques environnementaux "directs" liés aux nouvelles technologies et c'est heureux, car le point de vue de l'utilisateur d'environnement qu'est tout citoyen est un facteur décisif pour l'acceptation de ces nouvelles technologies. La pertinence des questions posées par exemple sur l'impact environnemental des plantes transgéniques est désormais reconnue par tous, et il est clair qu'il est de la responsabilité des chercheurs d'y apporter des réponses scientifiques, issues de protocoles rigoureux. Les résultats de ces travaux, et les protocoles eux-mêmes, doivent être débattus au sein de la communauté scientifique compétente. Enfin, la teneur de ces débats et leurs conclusions doivent être rendues publiques.

Notre évaluation est beaucoup moins performante en ce qui concerne des risques plus globaux et à plus long terme, qui soulèvent des problèmes spécifiques. Prenons l'exemple des herbicides. Le nombre des herbicides totaux actuellement connus est extrêmement réduit, il se compte sur les doigts d'une main. C'est évidemment vis-à-vis de ceux-là qu'il est en première analyse le plus tentant de produire des plantes résistantes, et c'est effec-tivement ce qui est train de se faire. Bien entendu, ceci conduit à faire disparaître la notion d'herbicide total. Si minime soit-il en termes statistiques, le risque de transfert des gènes de résistance ainsi mis en circulation prend alors une toute autre signification. Devons-nous l'accepter ? Le principe de précaution ne devrait-il pas nous conduire à conserver au moins quelques herbicides totaux ? Qui peut en décider ? Ne faudrait-il pas alors dédommager les firmes propriétaires des herbicides en question, et comment ? Des stratégies alternatives permettraient-elles de minimiser le risque, par exemple en augmentant la sensibilité vis-à-vis d'un herbicide B des plantes rendues simultanément résistantes à un herbicide A ?

La création par certaines firmes de lignées productrices de molécules naturelles, en particulier d'insecticides, soulève un autre type de problèmes, puisqu'elle contribue à réduire au moins potentiellement l'intérêt de ces molécules, qui peuvent à certains égards être considérées comme un patrimoine commun de l'humanité. Comment traiter de façon équilibrée et équitable cette question d'appropriation privée d'un patrimoine collectif ? Comment définir et respecter en la matière l'intérêt des générations à venir ?

Des conséquences acceptables pour les agriculteurs

Les agriculteurs sont *a priori* favorables aux innovations qui améliorent la productivité de leur travail. Mais ils savent bien que vendre est aujourd'hui beaucoup plus difficile que produire, et leur analyse des technologies nouvelles est de ce point de vue beaucoup plus exigeante que par le passé. Pour répondre à cette exigence, une double règle s'impose : d'une part, les "inventeurs" des technologies nouvelles (par exemple, les obtenteurs de lignées transgéniques) sont tenus de mettre en oeuvre tous les moyens dont ils disposent pour évaluer le plus précisément possible les diverses conséquences entraînées par leur adoption ; d'autre part, les utilisateurs ont le droit d'être complètement informés sur les résultats de ces recherches.

L'application de ces principes doit tenir compte des situations qui sont créées par les technologies en question. L'utilisation de plantes résistantes à certains herbicides entraîne par exemple des risques de dissémination et de transfert qui imposent aux agriculteurs des contraintes d'organisation nouvelles (choix des semences, des produits de traitement, des dates d'intervention). Les conflits liés à ces risques, à ces restrictions de la liberté individuelle, appellent des solutions spécifiques, qui devront être élaborées sur des bases techniques solides. De ce point de vue, le fait que les plantes transgéniques soient en quelque sorte "signées" devrait faciliter la mise en jeu de la responsabilité civile.

On va donc probablement vers des systèmes plus réglementés. Mais cette évolution doit être anticipée. L'idée que du progrès futur sortiront automatiquement et en temps utile les solutions permettant de répondre à tous les problèmes n'est plus soutenable aujourd'hui : il n'y aura pas toujours de nouvelles molécules pour répondre aux problèmes nés de l'usage des précédentes. La situation de plus en plus préoccupante - pour ne pas dire plus - créée dans le domaine médical par le développement des multi-résistances aux antibiotiques devrait nous y faire réfléchir. Il nous faut donc apprendre à concevoir la gestion des techniques dans la durée. Il me paraît clair à cet égard que le concept de "durabilité" des systèmes de production n'est pas concevable sans celui de durabilité des techniques ! La multiplication des contraintes portant par exemple sur l'usage des herbicides ou des insecticides agricoles n'est certainement pas une solution satisfaisante à long terme.

La réversibilité des choix apparaît dans un contexte aussi incertain comme une sécurité importante, et donc comme une composante décisive de l'acceptabilité des technologies nouvelles. Elle suppose par exemple que les utilisateurs soient toujours informés de la présence éventuelle de transgènes dans les produits qu'ils utilisent. Cette "traçabilité" des produits est techniquement possible, mais elle ne va pas de soi. Elle passe en effet par des innovations organisationnelles auxquelles nous devons absolument réfléchir. Il est probable que deux secteurs de production coexisteront à l'avenir dans nos pays, l'un exploitant des lignées transgéniques, l'autre rejetant leur utilisation. Or, si l'on n'y prend garde, nous risquons fort de voir des transgènes se répandre de manière incontrôlée, ce qui ne manquerait pas de susciter dans nos sociétés des réactions extrêmement négatives.

Les applications potentielles des biotechnologies agricoles dans les Pays en Développement (PED) soulèvent un autre type de problème. Incontestablement, ces agricultures représentent de sérieuses candidates à l'usage de lignées végétales voire animales rendues artificiellement plus résistantes à certaines maladies, à certains ravageurs ou à certaines contraintes telles que la sécheresse. Cette solution est d'autant plus tentante que les capacités industrielles de ces pays sont limitées, en particulier dans le domaine de l'agro-fourniture. Confrontés à la nécessité pressante d'accroître leur production, ces pays sont *a priori* beaucoup plus demandeurs que les pays industrialisés, où le développement des applications des biotechnologies à la production agricole est limité par le contexte de surproduction.

Cette situation paradoxale conduit à un véritable dilemme. La difficulté est double. Elle tient premièrement à la résistance des opinions publiques des pays développés, qui voient mal ce qui justifierait que l'on utilise à grande échelle dans les PED des technologies mal acceptées chez nous. D'un autre côté, engager l'agriculture des PED dans des utilisations des plantes transgéniques qui seraient refusées dans les pays industrialisés aboutirait en pratique à fermer nos marchés aux produits qui en seraient issus !

Le respect du consommateur

En cette matière, deux objectifs doivent à mon avis guider notre comportement. Premier point : il faut nous attacher à préciser les conséquences des nouvelles techniques de production sur la composition des aliments. Cette responsabilité est particulièrement importante pour l'INRA, qui doit se préparer à devenir en la matière l'organisme scientifique de référence, tant pour apporter son concours à la puissance publique dans son travail législatif ou réglementaire que pour informer avec clarté et objectivité l'ensemble des consommateurs, et ce sera mon deuxième point.

Axel Kahn a rappelé le principe adopté actuellement par la Commission du Génie Biomoléculaire pour l'étiquetage des produits alimentaires : aucune mention ne s'impose si l'utilisation du génie génétique n'a pas modifié la composition du produit, au motif que cette information ne serait pas significative pour le consommateur. C'est par exemple le cas du sucre issu de betteraves transgéniques. Cette argumentation respecte les principes de l'éthique, et j'y souscris bien volontiers. Mais le problème inverse existe : peut-on, au nom de l'éthique, interdire à un producteur d'informer le consommateur du fait qu'il n'a pas utilisé telle ou telle technologie ?

La question n'a pas seulement un intérêt théorique, puisque des tribunaux américains ont décidé d'interdire aux éleveurs laitiers opposés à l'usage de l'hormone de croissance d'apposer sur leurs produits la mention "sans hormone de croissance". Cette décision ne respecte ni la liberté des éleveurs concernés ni le droit des consommateurs à l'information, et il est probable que le débat n'en restera pas là. Autre exemple de dysfonctionnement, on trouve sur le marché français des produits sur lesquels figure en toute légalité une mention garantissant que le produit présenté ne contient pas de transgène (ce qui est vrai), alors qu'ils sont en réalité issus de plantes transgéniques (ce que la réglementation actuelle n'oblige pas à préciser). De telles acrobaties à la limite de l'honnêteté jettent le trouble dans l'opinion, et il serait préférable d'y mettre un terme. Mieux vaut dire les choses, et les dire clairement.

Le domaine de l'alimentation est un domaine particulièrement riche en références culturelles et en significations symboliques, et les consommateurs se déterminent manifestement en fonction de multiples facteurs, parmi lesquels l'image qu'ils se font des techniques de production. S'il n'est sans doute pas utile d'informer systématiquement et obligatoirement tous les consommateurs sur ces techniques, il faut donc laisser à ceux d'entre eux qui souhaitent être informés la possibilité de l'être. J'observe d'ailleurs que dans le cas des tomates transgéniques, les producteurs et les transformateurs n'ont pas hésité à faire le choix de la transparence.

Rien ne me paraît plus grave en effet que les crises qui affectent de manière générique l'image d'un produit, le veau hier, la viande bovine aujourd'hui : ce sont des pans entiers de nos agricultures qui sont frappés, avec des conséquences incalculables et malheureusement en partie irréparables.

Parce qu'elle est de nature à cloisonner et donc à limiter les risques de rejet, l'organisation de la traçabilité des produits, appuyée notamment sur un étiquetage volontaire présentant de manière rigoureuse les informations les plus sensibles me semble la meilleure protection, et bien des industriels l'ont aujourd'hui compris. L'affaire de l'hormone de croissance bovine illustre bien ce problème. Beaucoup de gens, y compris des chercheurs, n'ont pas compris que le caractère naturel de cette hormone représentait en réalité non pas un atout, comme ils le pensaient, mais au contraire un obstacle à son utilisation en élevage laitier, en raison de l'impossibilité de distinguer le lait des vaches ayant subi un traitement hormonal. On n'est donc pas en mesure d'offrir au consommateur opposé à cette pratique des produits laitiers certifiés "sans hormone". De ce fait, c'est l'image de l'ensemble des produits laitiers (produits "naturels" par excellence dans l'imaginaire collectif) que l'adoption de la méthode mettrait potentiellement en cause. Dans un contexte où le marché est extrêmement fragile et où l'accroissement de la productivité par vache n'est plus pour les éleveurs un objectif aussi impérieux, c'est la solution de prudence qui s'est pour l'instant imposée. La seule démarche qui permettrait à mon avis de reconsidérer cette décision consisterait à "marquer" d'une manière ou d'une autre le lait des vaches traitées.

Conclusion : La recherche agronomique entre Nature et société

Comme l'a fait Axel Kahn pour son propre propos, je conclurai cette postface par une réflexion d'ordre plus philosophique, portant sur le sens de notre action. Je le rappelais plus haut, l'Homme est, selon la célèbre formule, un mammifère omnivore qui se nourrit de glucides, de lipides, de protides et d'imaginaire. Tout ce qui touche à l'alimentation entre dans un réseau extrêmement dense de significations culturelles - que l'on pense par exemple au poids des prescriptions ou des interdits alimentaires d'origine religieuse - ce qui s'explique par le fait que depuis toujours et dans toutes les civilisations, l'alimentation concentre, représente et symbolise, plus que toute autre fonction, le rapport de l'Homme à la Nature.

Il est donc particulièrement important à mes yeux que l'action de la recherche agronomique, qui exerce des responsabilités très importantes dans le domaine de l'alimentation, soit en phase avec la société, c'est-à-dire qu'elle s'inscrive dans une conception partagée de cette relation Homme-Nature. Rien en effet ne serait plus dangereux que de laisser la recherche travailler en porte-à-faux vis-à-vis de la société.

Or ce risque existe, et il est plus grand aujourd'hui qu'hier. Pourquoi ? Essentiellement parce que notre science repose encore en grande partie sur des bases construites au début du XVIIe siècle, et dont sont issus à la fois l'utilitarisme anglo-saxon et, en France, le rationalisme cartésien. Pour Descartes, dont le *Discours de la Méthode* (1637) inaugure en France cette tradition "moderne", la science doit tendre à domestiquer les forces naturelles pour les mettre au service de l'Homme, *"maître et possesseur de la Nature"*.

Or cette tradition impériale, qui situe l'Homme en dehors et au-dessus de la Nature, a toujours coexisté avec une tradition grecque antique, profondément enracinée dans nos sociétés, selon laquelle l'Homme fait au contraire partie de la nature, et pour qui la recherche de la connaissance n'a d'autre but que de découvrir dans l'ordre éternel du *Cosmos* les principes d'organisation de la Cité idéale, l'objectif ultime étant d'inscrire du mieux possible la société des Hommes dans l'harmonie naturelle du monde.

Cette longue coexistence a été possible tant que les avancées des connaissances scientifiques ont pu apparaître comme contribuant globalement au progrès de l'humanité sur la voie d'un équilibre harmonieux avec le monde. Elle est aujourd'hui en crise, suite à la remise en cause du mythe du progrès perpétuel par la science.

Les chercheurs, et tout particulièrement ceux d'entre eux qui travaillent sur le vivant, se trouvent donc dans une situation difficile où les appréciations portées sur leurs travaux par le reste de la société sont presque systématiquement entachées d'une profonde ambivalence. Nous devons le comprendre, et en tenir compte.

Dans l'implicite collectif que nous devons apprendre à déchiffrer, la science est fondée à corriger les "défauts" de la nature, pour permettre l'expression du potentiel vital normal des espèces ou des individus : combattre une maladie, remédier à une déficience, supprimer une souffrance. Dans ces domaines, c'est au résultat que l'on s'attache, et tous les moyens disponibles peuvent *a priori* être envisagés.

Dès qu'il s'agit de modifier la nature pour satisfaire un besoin conjoncturel, on se situe en revanche sur un terrain beaucoup plus difficile, où l'utilitarisme atteint ses limites, et où la fin ne justifie plus n'importe quel moyen. Le vivant occupe en fait une place à part dans nos représentations, entre l'Homme et les choses. Sa réification, son instrumentation se heurtent à des limites qui trouvent leur origine dans le fait que nous nous reconnaissons nous-mêmes comme faisant partie du monde vivant, et que nous éprouvons une certaine empathie vis-à-vis de tout être vivant : rien de ce qui est vivant ne nous est complètement étranger.

L'application aux êtres vivants de techniques "naturelles" ne fait d'ordinaire aucun problème : c'est par exemple le cas de la sélection génétique. Mais les limites sont floues. Si l'insémination artificielle, et même le transfert d'embryon, qui ne modifient pas le produit de la fécondation, sont également bien acceptés, les techniques du génie génétique sont en revanche perçues comme "contre nature". Leur acceptatibilité sociale *a priori* dépend de la nature des risques perçus (les risques environnementaux sont mieux acceptés que ceux qui pèsent sur la santé humaine) et du degré d'empathie qui nous unit aux espèces concernées. Bien entendu, cette empathie est considérablement plus développée pour les animaux que pour les végétaux. Elle est maximale dans le cas des mammifères, pour lesquels existe un quasi-interdit, avec cependant des degrés qui varient suivant la proximité spécifique, l'intensité relationnelle ou la charge symbolique.

Au-delà de ce constat de base, il me semble que nous sommes collectivement et individuellement responsables de l'image de la science dans la société et donc, d'une certaine manière, de l'avenir de la science. Ceci nous crée le devoir d'inscrire nos recherches dans une perspective d'ensemble cohérente et d'expliquer cette perspective. Notre action doit créer du sens, renforcer la société qui nous emploie, et non semer le doute et l'angoisse comme le font parfois les propos de certains chercheurs qui, emportés par des logiques purement techniques, semblent prêts à manipuler le vivant pour répondre à n'importe quelle demande.

Notre société n'est absolument pas prête à recevoir l'idée que la nature est un vaste mécano dépourvu de cohérence et de nécessité, qu'il nous appartient d'agencer au gré de nos besoins. Elle rejette l'image insupportable d'un Homme sans âme dans un univers dépourvu de sens, et postule à l'inverse l'existence d'une profonde correspondance entre l'Homme et la Nature. Elle recherche le sens de notre présence dans la Nature, et c'est la demande fondamentale qu'elle adresse aux scientifiques.

Notre recherche contribue-t-elle à construire cette relation de l'Homme à la Nature, ou à la dégrader ? Telle est à mon sens la question de fond.

Guy Paillotin
Président de l'INRA

Post-scriptum : Cette postface est le fruit d'un entretien complice et confiant avec Etienne Landais, à qui je tiens à rendre ici hommage.

Paris, avril 1996

Table des matières

Ouvrages parus dans la même collection

Le métier de chercheur
Regard d'un anthropologue
B. Latour, 1995, 96 p.

Les mondes de l'agriculture
Une recherche pour demain
M. Sebillotte, 1996, 258 p.

Achevé d'imprimer par Corlet, Imprimeur, S.A.
14110 Condé-sur-Noireau (France)
N° d'Imprimeur : 58034 - Dépôt légal : mars 2002
Imprimé en C.E.E.